“十四五”时期
国家重点出版物
出版专项规划项目

公园城市理论研究

新时代公园城市建设探索与实践系列丛书

贾建中

主编

中国城市出版社

新时代公园城市建设探索与实践系列丛书编委会

吴　杰　吴　剑　吴克军　吴锦华　言　华
张清彦　陈　艳　林志斌　欧阳底梅　周建华
赵御龙　饶　毅　袁　琳　袁旸洋　徐　剑
郭建梅　梁健超　董　彬　蒋凌燕　韩　笑
傅　晗　强　健　瞿　志

组织编写单位：中国城市建设研究院有限公司
中国风景园林学会
中国公园协会

本书编委会

主　　编：贾建中
副 主 编：付彦荣　袁　琳　周建华
参编人员：陈明坤　阳佩良　胡嘉诚

丛书序

2018 年 2 月，习近平总书记视察天府新区时强调“要突出公园城市特点，把生态价值考虑进去”；2020 年 1 月，习近平总书记主持召开中央财经委员会第六次会议，对推动成渝地区双城经济圈建设作出重大战略部署，明确提出“建设践行新发展理念的公园城市”；2022 年 1 月，国务院批复同意成都建设践行新发展理念的公园城市示范区；2022 年 3 月，国家发展和改革委员会、自然资源部、住房和城乡建设部发布《成都建设践行新发展理念的公园城市示范区总体方案》。

“公园城市”实际上是一个广义的城市空间新概念，是缩小了的山水自然与城市、人的有机融合与和谐共生，它包含了多个一级学科的知识和多空间尺度多专业领域的规划建设与治理经验。涉及的学科包括城乡规划、建筑学、园林学、生态学、农业学、经济学、社会学、心理学等等，这些学科的知识交织汇聚在城市公园之内，交汇在城市与公园的互相融合渗透的生命共同体内。“公园城市”的内涵是什么？可概括为人居、低碳、人文。从本质而言，公园城市是城市发展的终极目标，整个城市就是一个大公园。因此，公园城市的内涵也就是园林的内涵。“公园城市”理念是中华民族为世界提供的城市发展中国范式，这其中包含了“师法自然、天人合一”的中国园林哲学思想。对市民群众而言园林是“看得见山，望得见水，记得住乡愁”的一种空间载体，只有这么去理解园林、去理解公园城市，才能规划设计建设好“公园城市”。

有古籍记载说“园莫大于天地”，就是说园林是天地的缩小版；“画莫好于造物”，画家的绘画技能再好，也只是拷贝了自然和山水之美，只有敬畏自然，才能与自然和谐相处。“公园城市”就是要用中国人的智慧处理好人类与大自然、人与城市以及蓝（水体）绿（公园等绿色空间）灰（建筑、道路、桥梁等硬质设施）之间的关系，最终实现“人（人类）、城（城市）、园（大自然）”三元互动平衡、“蓝绿灰”阴阳互补、刚柔并济、和谐共生，实现山、水、林、田、湖、草、沙、居生命共同体世世代代、永续发展。

“公园城市”理念提出之后，各地积极响应，成都、咸宁等城市先行开展公园城市建设实践探索，四川、湖北、广西、上海、深圳、青岛等诸多省、区、市将公园城市建设纳入“十四五”战略规划统筹考虑，并开展公园城市总体规划、公园体系专项规划、“十五分钟”生活服务圈等顶层设计和试点建设部署。不少的专家学者、科研院所以及学术团体都积极开展公园城市理论、标准、技术等方面的探索研究，可谓百花齐放、百家争鸣。

“新时代公园城市建设探索与实践系列丛书”以理论研究与实践案例相结合的形式阐述公园城市建设的理念逻辑、基本原则、主要内容以及实施路径，以理论为基础，以标准为行动指引，以各相关领域专业技术研发与实践应用为落地支撑，以典型案例剖析为示范展示，形成了“理论 + 标准 + 技术 + 实践”的完整体系，可引导公园城市的规划者、建设者、管理者贯彻落实生态文明理念，切实践行以人为本、绿色发展、绿色生活，量力而行、久久为功，切实打造“人、城、园（大自然）”和谐共生的美好家园。

人民城市人民建，人民城市为人民。愿我们每个人都能理解、践行公园城市理念，积极参与公园城市规划、建设、治理方方面面，共同努力建设人与自然和谐共生的美丽城市。

仇保兴

国际欧亚科学院院士

住房和城乡建设部原副部长

丛书前言

习近平总书记2018年在视察成都天府新区时提出“公园城市”理念。为深入贯彻国家生态文明发展战略和新发展理念，落实习近平总书记公园城市理念，成都市率先示范，湖北咸宁、江苏扬州等城市都在积极探索，湖北、广西、上海、深圳、青岛等省、区、市都在积极探索，并将公园城市建设作为推动城市高质量发展的重要抓手。“公园城市”作为新事物和行业热点，虽然与“生态园林城市”“绿色城市”等有共同之处，但又存在本质不同。如何正确把握习近平总书记所提“公园城市”理念的核心内涵、公园城市的本质特征，如何细化和分解公园城市建设的重点内容，如何因地制宜地规范有序推进公园城市建设等，是各地城市推动公园城市建设首先关心、也是特别关注的。为此，中国城市建设研究院有限公司作为“城乡生态文明建设综合服务商”，由其城乡生态文明研究院王香春院长牵头的团队率先联合北京林业大学、中国城市规划设计研究院、四川省城乡建设研究院、成都市公园城市建设发展研究院、咸宁市国土空间规划研究院等单位，开展了习近平生态文明思想及其发展演变、公园城市指标体系的国际经验与趋势、国内城市公园城市建设实践探索、公园城市建设实施路径等系列专题研究，并编制发布了全国首部公园城市相关地方标准《公园城市建设指南》DB42/T 1520—2019和首部团体标准《公园城市评价标准》T/CHSLA 50008—2021，创造提出了“人－城－园”三元互动平衡理论，明确了公园城市的四大突出特征：美丽的公园形态与空间格局；“公”字当先，公共资源、公共服务、公共福利全民均衡共享；人与自然、社会和谐共生共荣；以居民满足感和幸福感提升为使命方向，着力提供安全舒适、健康便利的绿色公共服务。

在此基础上，中国城市建设研究院有限公司联合中国风景园林学会、中国公园协会共同组织、率先发起“新时代公园城市建设探索与实践系列丛书”（以下简称“丛书”）的编写工作，并邀请住房和城乡建设部科技与产业化发展中心（住房和城乡建设部住宅产业化促进中心）、中国城市规划设计研究院、中国城市出版社、北京市公园管理中心、上海市公园管理中心、东南大学、成都市公园城市建设发展研究院、北京市园林绿化科学研究院等多家单位以及权威专家组成丛书编写工作组共同编写。

这套丛书以习近平生态文明思想为指导，践行习近平总书记“公园城市”理念，响应国家战略，瞄准人民需求，强化专业协同，以指导各地公园城市建设实践干什么、怎么干、如何干得好为编制初衷，力争“既能让市长、县长、局长看得懂，也能让队长、班长、组长知道怎么干”，着力突出可读性、实用性和前瞻指引性，重点回答了公园城市“是什么”、要建成公园城市需要“做什么”和“怎么做”等问题。目前本丛书已入选国家新闻出版署“十四五”时期国家重点出版物出版专项规划项目。

丛书编写作为央企领衔、国家级风景园林行业学协会通力协作的自发性公益行为，得到了相关主管部门、各级风景园林行业学协会及其成员单位、各地公园城市建设相关领域专家学者的大力支持与积极参与，汇聚了各地先行先试取得的成功实践经验、专家们多年实践积累的经验和全球视野的学习分享，为国内的城市建设管理者们提供了公园城市建设智库，以期让城市决策者、城市规划建设者、城市开发运营商等能够从中得到可借鉴、能落地的经验，推动和呼吁政府、社会、企业和老百姓对公园城市理念的认可和建设的参与，切实指导各地因地制宜、循序渐进开展公园城市建设实践，满足人民对美好生活和优美生态环境日益增长的需求。

丛书首批发布共14本，历时3年精心编写完成，以理论为基础，以标准为纲领，以各领域相关专业技术研究为支撑，以实践案例为鲜活说明。围绕生态环境优美、人居环境美好、城市绿色发展等公园城市重点建设目标与内容，以通俗、生动、形象的语言介绍公园城市建设的实施路径与优秀经验，具有典型性、示范性和实践操作指引性。丛书已完成的分册包括《公园城市理论研究》《公园城市建设标准研究》《公园城市建设中的公园体系规划与建设》《公园城市建设中的公园文化演替》《公园城市建设中的公园品质提升》《公园城市建设中的公园精细化管理》《公园城市导向下的绿色空间竖向拓展》《公园城市导向下的绿道规划与建设》《公园城市导向下的海绵城市规划设计与实践》《公园城市指引的多要素协同城市生态修复》《公园城市导向下的采煤沉陷区生态修复》《公园城市导向下的城市采石宕口生态修复》《公园城市建设中的动物多样性保护与恢复提升》和《公园城市建设实践探索——以成都市为例》。

丛书将秉承开放性原则，随着公园城市探索与各地建设实践的不断深入，将围绕社会和谐共治、城市绿色发展、城市特色鲜明、城市安全韧性等公园城市建设内容不断丰富其内容，因此诚挚欢迎更多的专家学者、实践探索者加入到丛书编写行列中来，众智众力助推各地打造“人、城、园”和谐共融、天蓝地绿水清的美丽家园，实现高质量发展。

前　言

城市是人类重要的聚居形式，是我国经济、政治、文化、社会等方面活动的中心，在党和国家工作全局中具有举足轻重的地位。改革开放以来，城市在推动我国经济社会发展、促进民生改善方面发挥了重要作用，但也出现了人口膨胀、交通拥堵、生态环境恶化等一系列问题。转变城市发展方式，推动城市高质量发展，成为城市工作亟待解决的重要任务。在新的城市发展时期，如何化解城市发展与环境改善的矛盾？如何用新发展理念指导当前的城市工作？如何在城市发展建设中坚持人与自然和谐共生，实现生产发展、生活富裕、生态良好？这需要我们积极探索我国城市绿色发展的新模式和新途径。

2018 年 2 月，习近平总书记在四川成都视察天府新区时首次提出“公园城市”理念，为新时代城市建设工作指明了方向。近年来，成都市率先实践，从“首提地”到“示范区”，在公园城市建设上取得阶段性成果，并对公园城市的内涵、价值、规划、管理、制度体系建设等进行了积极的探索。贵阳、深圳、上海、南京、青岛等全国百余个城市（城区）也先后开展公园城市建设实践，取得了大量实践成果，积累了丰富的经验。与此同时，许多研究机构、专家学者等积极开展公园城市专题研究，针对公园城市理念的产生背景、定义、内涵、规划、管理等形成了大量有价值的成果。

公园城市建设的深入实践，需要理论作指导。从当前新时代发展要求、经济社会发展需求、人民群众对美好生活的向往以及城市文明发展史中，重新认识城市的意义、城市的发展动力、模式、路径等。开展公园城市理论研究，认识公园城市的特征、内涵、形态、价值等，有助于正确理解和领会习近平总书记提出的“公园城市”的重要指示精神，科学贯彻国家生态文明建设战略和新发展理念，高质量推进公园城市建设。

本书基于公园城市建设实践和研究成果的总结，结合对城市文明发展过程中已有城市发展理念的梳理，试图回答公园城市理念产生背景、公园城市的内涵、公园城市理论构成、公园城市实践意义等理论问题。本书引言部分阐述了公园城市理念提出的背景。第 1 章公园城市的内涵和理论探索，介绍了公园城市理念的提出过程，剖析了公园城市理论的内涵和特征，梳理了公园城市理论研究的主要成果。第 2 章公园城市的发展背景，从城市文明发展史角度，梳理了古代文明、近代工业文明背景下，花园城市、生态城市、健康城市、山水城市、园林城市等国内外城市发展理念的特征、成果和对公园城市的借鉴价值。第 3 章公园城市的意义和价值，从战略、现实和实践等角度，阐述了公园城市的意义。第 4 章公园城市的建设探索，全面介绍了成都、贵阳、深圳、上海等国内城市的公园城市实践过程和成果。第 5 章公园城市发展与展望，对公园城市的未来发展进行了展望，归纳了公园城市的发展路径，并就公园城市理论的未来研究重点进行了分析和预测。

在本书的编写过程中，李雄、强健、王香春等多位专家给予了指导，陈艳婷、陈卫国、董丽、高飞、高静、何刚、季冬兰、蒋人可、李淙钰、刘扬、龙继兵、罗言云、童佳玉、王斌、王倩娜、吴宜夏、谢利亚、赵晓平、张清彦、张清宇、张晓鸣、周永良、Aerial Innovations、Fabio Achilli、Mario Roberto Durán Ortiz、Tom Chance、Thomas Berwing 等多位同行专家无偿提供了图片，丰富了书稿内容，提升了可读性。编辑们付出大量细致工作的同时，也给出了不少修改建议。本书得到北京市社会科学基金项目（编号 18SRC021）的支持，书中参考和引用了大量国内外相关研究成果和实践总结资料，在此一并表示谢意！

因编者能力所限，书中难免存在疏漏和欠妥之处，敬请读者批评指正。

目　录

第 2 章　公园城市的发展背景

第3章 公园城市的意义和价值

第5章 公园城市发展与展望

引言

城市是我国经济、政治、文化、社会等方面活动的中心，在党和国家工作全局中具有举足轻重的地位。改革开放以来，我国经历了世界历史上规模最大、速度最快的城镇化进程，城市发展波澜壮阔，取得了举世瞩目的成就。城市发展带动了整个经济社会发展，城市建设成为现代化建设的重要引擎。

城市在推动我国经济社会发展、促进民生改善方面发挥了重要作用，但城市发展也出现了一些困惑和问题。随着工业化和城镇化进程的不断加快，城市人口膨胀和城市盲目扩张导致了城市生态系统破坏、环境恶化、水土资源短缺、交通拥堵，以及就业困难等一系列问题，严重影响了我国城市经济社会的可持续发展。

党的十八大以来，以习近平同志为核心的党中央将生态文明建设纳入中国特色社会主义“五位一体”总体布局和“四个全面”战略布局，提出了一系列新思想、新理念、新战略。习近平总书记多次强调“绿水青山就是金山银山”“保护生态环境就是保护生产力，改善生态环境就是发展生产力”。国家“十三五”规划中明确了创新、协调、绿色、开放、共享的新发展理念，“绿色发展”成为我国未来发展方向和着力点之一，也是未来城市建设和发展的必然要求。

第三次中央城市工作会议指出，我国城市发展已经进入新的发展时期。在新的城市发展时期，如何化解城市发展与环境改善的矛盾？如何用新发展理念指导当前的城市工作？如何在城市发展建设中坚持人与自然和谐共生，走生产发展、生活富裕、生态良好的文明发展道路？诸多亟待解决的问题，需要我们积极探索我国城市绿色发展的新模式和新途径。在新时代中国特色社会主义背景下，我国的城市建设、城镇化发展都迎来了新的形势、机遇与挑战。

2018 年 2 月，习近平总书记在视察四川天府新区规划建设时做出了“突出公园城市特点，把生态价值考虑进去，努力打造新的增长极，建设内陆开放经济新高地”的重要指示，提出了“公园城市”理念，强调在城市发展中要重视生态价值，突出公园城市的特点。如何深刻学习领会习近平总书记重要讲话精神，适应新时代发展要求，为我国公园城市建设提供正确的价值导向、科学引导，积极开展公园城市建设实践活动，是各级人民政府、有关部门以及风景园林、城乡规划等领域的研究者、建设者和管理者需要认真思考的重要议题。

研讨公园城市，当以理论为先，辨析其要。从当前新时代发展要求、经济社会发展、人民群众对美好生活的向往以及城市文明发展史中，重新认识公园、城市的意义和公园城市理论价值，必将有助于正确理解和领会习近平总书记提出的“公园城市”的重要指示精神，科学贯彻国家生态文明建设战略和新发展理念。

在中国特色社会主义进入新时代，“两个一百年目标”奋斗的关键时期，“百年未有之大变局”的重要机遇期，习近平总书记在天府之国成都首次提出“公园城市”理念，并非偶然，是以习近平同志为核心的党中央提出的一系列新发展理念、以人民为中心的发展思想和习近平生态文明思想的发展和延伸，是新时代城市发展的必然，有着深刻的意义。公园城市作为一个全新的城市发展理念，是习近平生态文明思想在中国城市建设领域的具体体现，是对新时代城市高质量发展的纲领性、战略性和整体性要求。公园城市是推动我国城市建设高质量、可持续发展，实现健康安全、宜居韧性、绿色低碳、人文智慧等建设目标的新途径，是城市规划建设、服务能力、治理水平，以及城市空间形态构建和布局发展的新目标。探讨公园城市理论和城市建设新发展模式具有重要的时代价值和现实意义。

公园城市理念提出的背景是多方面的，主要体现在人民生活新需求、生态文明新体现、“三生空间”新构架、“两个一百年”战略新举措、“百年未有之大变局”新机遇、实现中国式现代化新要求等方面。

1. 人民生活新需求

党的十九大报告中做出了“中国特色社会主义进入新时代，我国社会主要矛盾已经转化为人民日益增长的美好生活需要和不平衡不充分的发展之间的矛盾”的重大判断。党的十九大做出的社会主要矛盾的新表述，是新时代开启全面建设社会主义现代化国家新征程的逻辑起点，是对社会主义建设规律认识的新升华。这一重大判断，为我国新时代的经济建设、政治建设、文化建设、社会建设和生态文明建设指明了新的发展方向。

社会主要矛盾的变化，表现为人民生活需要也同样发生了显著变化，不再局限于衣食住行等物质方面的“硬需求”，而是演变成“人民日益增长的美好生活需要和不平衡不充分的发展之间的矛盾”，人们开始从“求生存”“盼温饱”，过渡到“求生态”“盼健康”，希望天更蓝、山更绿、水更清、环境更优美，绿色宜居的城市生活环境成为人们的迫切期望（图 0–1）。人民日益增长的美好生活需要，以及城市绿色低碳发展已经成为新时代生态文明建设的“重头戏”和“风向标”。人民群众对美好生活的多样化、多层次、多方面的向往也成为城市面临的重要而实际的问题。

公园城市首先是要满足人民日益增长的美好生活需要，指引我们在城市规划建设和管理工作中，牢固树立以人民为中心的发展思想，坚持以人民为中心，塑造城市优美形态；着力创造宜居美好生活，增进城市民生福祉；践行人民城市人民建、人民城市为人民的理念，提供优质均衡的公共服务、便捷舒适的生活环境，营造人民美好生活的幸福家园；把城市发展的底层逻辑从“产城人”转变为“人城产”，把人放在第一位，使城市更有温度、人民生活更有质感，使人民获得感、幸福感、安全感更加充实、更有保障、更可持续，使未来城市能够更多更好地体现人的全面发展和社会的全面进步。

图 0–1　成都市锦城公园及周边区域鸟瞰

2. 生态文明新体现

党的二十大报告指出，大自然是人类赖以生存发展的基本条件。尊重自然、顺应自然、保护自然，是全面建设社会主义现代化国家的内在要求。必须牢固树立和践行“绿水青山就是金山银山”的理念，站在人与自然和谐共生的高度谋划发展。无止境地向自然索取甚至破坏自然必然会遭到大自然的报复。

中共中央、国务院印发的《生态文明体制改革总体方案》指出，生态文明建设不仅影响经济持续健康发展，也关系政治和社会建设，必须放在突出地位，融入经济建设、政治建设、文化建设、社会建设各方面和全过程。

生态文明是人类文明发展进步的新形态，是人类社会进步的重大成果，人类经历了原始文明、农业文明、工业文明，生态文明是工业文明发展到一定阶段的产物，是实现人与自然和谐发展的新要求。在对改革开放以来经济发展与生态环境保护的关系不断深化认识的基础上，习近平总书记提出了“绿水青山就是金山银山”的理念。这一理念是正确处理绿水青山与金山银山关系的指导思想和价值取向，真正把保护环境和发展经济、满足人民对物质生活和生态环境的需求统一了起来，树立起了保护生态环境就是保护生产力、改善生态环境就是发展生产力的价值理念。

从各地工作实践中可以清晰看出习近平生态文明思想发展脉络。20 世纪 80 年代初期，他在正定提出“宁肯不要钱，也不要污染”“要保持生态平衡”的发展思路；20 世纪 90 年代在福州市工作期间倡导进行“城市生态建设”；进入 2000 年，在福建省工作时提出“建设生态省”的发展战略，开始全面推进生态文明；在浙江省工作期间，提出了“生态兴则文明兴，生态衰则文明衰”的重要论述；2005 年在浙江安吉余村考察时，首次提出了“绿水青山就是金山银山”的科学论断，标志着习近平生态文明思想初步形成；担任总书记后，在 2012 年党的十八大上将生态文明建设纳入中国特色社会主义事业总体布局，构建“五位一体”战略布局。习近平总书记指出，在“五位一体”总体布局中生态文明建设是其中一位，在新时代坚持和发展中国特色社会主义基本方略中，坚持人与自然和谐共生是其中一条基本方略。在“五位一体”总体布局中，生态文明建设要融入经济建设、政治建设、文化建设和社会建设之中。从党的十八大开始，我们将生态文明建设作为关系中华民族永续发展的根本大计，生态文明建设进入了全面发展阶段。

2018 年 2 月，习近平总书记视察四川天府新区时强调，天府新区一定要规划好建设好，特别是要突出公园城市特点，把生态价值考虑进去。习近平总书记提出的“公园城市”理念，强调生态优先、绿色发展，坚持把生态文明纳入城市建设和经济发展中；不难看出公园城市建设，是以生态文明作为重要价值规范，建设质量和成效要接受生态文明的价值检验和考核；以良好生态环境作为最普惠的民生福祉，把好山好水好风光融入城市，推动生态优势转化为发展优势，使城市在大自然中有机生长（图 0–2）；把生态文明思想紧紧地与以人民为中心的发展思想、“美丽中国建设”战略以及城乡经济社会发展结合起来，使得生态文明建设全面融入城乡经济建设、政治建设、文化建设和社会建设之中，融入经济社会发展全过程，落实到各类国土空间规划、城乡规划、城市绿地系统规划以及各项城市建设和管理工作中。

通过对习近平生态文明思想进行系统梳理和研究，可以看出习近平总书记在考察成都时提出“公园城市”理念并非偶然，是其生态文明思想长期积累的升华，是习近平新时代中国特色社会主义思想，特别是习近平生态文明思想在城乡建设领域新的理论成果，公园城市必然成为生态文明建设新的实践场地。

图 0–2　深圳市福田红树林生态公园

3. “三生空间”新构架

党的十八大报告指出，“控制开发强度，调整空间结构，促进生产空间集约高效、生活空间宜居适度、生态空间山清水秀……给子孙后代留下天蓝、地绿、水净的美好家园。”2013 年 11 月中共十八届三中全会通过《中共中央关于全面深化改革若干重大问题的决定》，进一步提出建立空间规划体系，划定生产、生活、生态空间开发管制界限。2013 年 12 月中央城镇化工作会议在上述精神的基础上，要求将形成生产、生活、生态空间的合理结构作为推进新型城镇化主要任务，指出“形成生产、生活、生态空间的合理结构……把城市放在大自然中，把绿水青山保留给城市居民……要依托现有山水脉络等独特风光，让城市融入大自然，让居民望得见山、看得见水、记得住乡愁”。2015 年 12 月中央城市工作会议再次提出，城市发展要依据生产、生活、生态空间的内在联系统筹布局，提高城市发展的宜居性。

习近平总书记高度重视城市工作，多次做出重要指示，并强调城市建设要以自然为美，把好山好水好风光融入城市。2018 年 2 月，习近平总书记在四川天府新区听取规划建设工作汇报时提出了“公园城市”理念，要求“突出公园城市特点，把生态价值考虑进去，努力打造新的增长极，建设内陆开放经济高地”。这是对于城市规划建设发展方向的新要求，也明确了构建合理城市空间形态结构、协调“生活空间、生态空间、生产空间”的具体任务。

对于“三生空间”功能的研究，源自区域尺度上反映土地的“三生空间”功能，尤其强调以生态防护和人居保障为主导，重点考虑生态脆弱、环境恶劣或保护意义重要的地区，随之的研究也较多位于国土区域层面，基于“三生空间”的国土空间格局优化受到广泛重视（图 0–3）。公园城市理念把城市的“三生空间”研究与构建提高到了极为重要的地位。

在公园城市理念指引下，我们不仅需要重视国土区域层面“三生空间”构建，更加需要重视城市层面及其乡镇与社区层面的“三生空间”的构建研究和建设实践，研究其对于城市空间形态与结构布局带来的新思路、新机制和新变化。贯彻公园城市理念，加快城市“三生空间”功能的体系分类、构成识别、机制协调、空间配置与构建优化等研究，进一步优化生产空间的组合关系及其空间布局，科学布局城市绿色

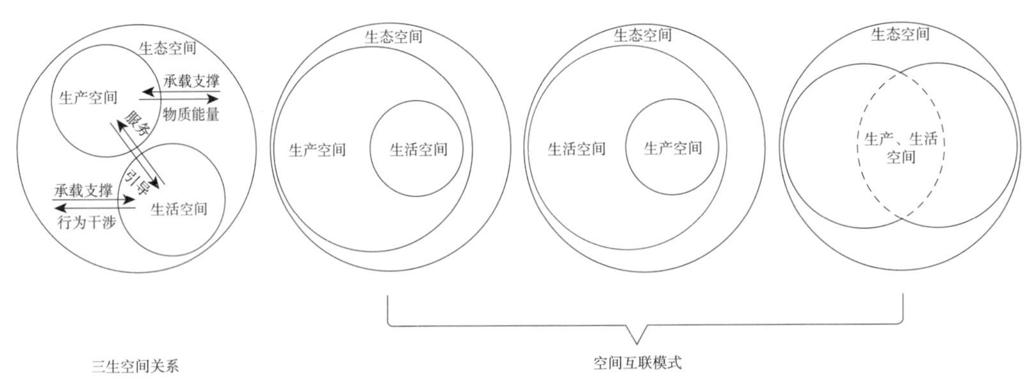

图 0-3 “三生空间”的空间关系示意图
（张令达，侯全华，段亚琼．生态文明背景下三生空间研究：内涵、进展与对策 [J].
生态学报，2024，44（01）：47-59.）

生态空间，强化可持续发展的生态环境保障功能，提升生态系统质量和稳定性，重视新时代人民生活新需求，为城乡居民创造功能更优、品质更高、环境更加优美的生活空间。按照促进生产空间集约高效、生活空间宜居适度、生态空间山清水秀的总体要求，形成生产、生活、生态空间的合理结构，构建符合公园城市理念的城市“三生空间”新形态和新模式。

4.“两个一百年”战略新举措

全面深化改革开放之后，党中央对我国社会主义现代化建设做出“两个一百年”战略安排。党的十九大报告清晰擘画出全面建成社会主义现代化强国的时间表、路线图，明确了在实现第一个百年奋斗目标的基础上，在 2035 年基本实现社会主义现代化，到本世纪中叶，再奋斗 15 年，把我国建设成富强民主文明和谐美丽的社会主义现代化强国。党的二十大报告指出，全面建成社会主义现代化强国，实现中华民族伟大复兴。到 2035 年广泛形成绿色生产生活方式，碳排放达峰后稳中有降，生态环境根本好转，美丽中国建设目标基本实现。

实现“两个一百年”奋斗目标标志着中国的经济实力和综合国力将大大增强，我国物质文明、政治文明、精神文明、社会文明、生态文明将全面提升，全体人民共同富裕基本实现，我国人民将享有更加幸福安康的生活，中华民族将以更加昂扬的姿态屹立于世界民族之林。

一段时间以来，随着经济快速发展，城市快速扩张，城市病日益显现，表明我国城市化发展模式和路径亟待转变。2015 年 12 月，中央城市工作会议要求着力解决城市病等突出问题，不断提升城市环境质量、人民生活质量、城市竞争力，建设和谐宜居、富有活力、各具特色的现代化城市，提高新型城镇化水平，走出一条中国特色城市发展道路。中国特色社会主义进入了新时代，我国城市建设发展也进入了新时代。推动城乡建设高质量发展，既是保持城市健康发展的必然要求，也是落实以人民为中心的发展思想、全面实现“两个一百年”奋斗目标、建设社会主义现代化国家的战略要求。

深入学习党的十九大关于“两个一百年”奋斗目标的重要论述，深刻理解实现“两个一百年”奋斗目标的基本内涵，对于我们领会理解习近平总书记在 2018 年初，在即将实现第一个百年奋斗目标、全面建成小康社会之际，提出“公园城市”理念具有重要的战略意义。公园城市建设作为统揽城市生态文明建设和绿色发展的核心工作，以创造优良的生态人居环境作为中心目标，将五大发展新理念转化为城市建设实践，全面提升宜居品质，缓解城市病，推动城市的可持续发展。

贯彻公园城市理念，与我国建设成富强民主文明和谐美丽的社会主义现代化强国方向完全一致，是实现“两个一百年”战略的新举措，将有力推动生态文明与经济社会发展相得益彰，促进公园形态与城市风貌交织相融，绿色生产方式和生活方式逐步实现；践行公园城市建设，以公园城市理念引领城市发展方式转变，以城市发展方式转变推动城市发展质量和社会、经济、生态效益提升，让广大人民群众共享改革发展成果，实现高质量发展、高品质生活、高效能治理，助力建设符合社会主义现代化强国要求的新型城市。

5.“百年未有之大变局”新机遇

进入 21 世纪，世界处于“百年未有之大变局”。关于百年之大变局，中共中央宣传部理论局副局长何成 2020 年 1 月 3 日在《光明日报》撰文指出，变就变在前所未有、百年罕遇，变就变在立破并举、涤旧生新。这个大变局，概括起来说，就是当前国际格局和国际体系正在发生深刻调整，全球治理体系正在发生深刻变革，世界文明多样性更加彰显。

在中国特色社会主义建设的新时代，面对世界百年未有之大变局带来的不稳定性、不确定性，我国城市发展的机遇和挑战面临诸多新的变化，如何走出一条既不同于西方国家而又符合中国国情的规划、建设、治理与发展道路等一系列问题摆在我们的面前。如何实现“立破并举、涤旧生新”？公园城市理念的提出，恰逢其时，非常巧妙而务实地提出了新的发展思路，对于应对“百年变局”的机遇和挑战，为完整、准确、全面贯彻新发展理念，加快构建新发展格局，统筹城乡健康发展和生态安全，探索我国城镇化发展道路与城市发展模式提供了新的路径和发展方向。深刻理解公园城市理念，对于我国坚持中国特色社会主义发展道路，激发城市经济活力，增强城市治理效能，实现高质量发展、高品质生活、高效能治理相融合，牢牢把握城市战略发展的主动权具有重要意义。

6. 实现中国式现代化新要求

习近平总书记指出，中国式现代化是强国建设、民族复兴的康庄大道。中国式现代化是人口规模巨大的现代化，是全体人民共同富裕的现代化，是物质文明和精神文明相协调的现代化，是人与自然和谐共生的现代化，是走和平发展道路的现代化。

建设现代化的城市是满足人民美好生活需要的基本手段，也是全面建成社会主义现代化国家的重要内容和应有之义。实现城市有序建设、适度开发、高效运行，不断提升城市环境质量、人民生活质量、城市竞争力，建设和谐宜居、富有活力韧性、各具特色的现代化城市，走出一条中国特色城市发展道路，符合中国式现代化建设的新要求。

实现中国特色城市发展道路，前提是尊重城市发展规律，遵循“一尊重五统筹”的发展规律。必须尊重人民的主体地位，统筹好空间、规模、产业三大结构，以提高城市工作的全局性；统筹好规划、建设、管理三大环节，以提高城市工作的系统性；统筹好改革、科技、文化三大动力，以提高城市发展的持续性；统筹好生产、生活、生态三大布局，以提高城市发展的宜居性；统筹好政府、社会、市民三大主体，以提高各方推动城市发展的积极性、主动性。

现阶段，在城市高质量发展中，如何探索城市转型发展新路径，如何将“绿水青山就是金山银山”理念贯穿城市发展全过程，如何充分彰显生态产品价值，推动生态文明与经济社会发展相得益彰，公园城市理念给出了最好的诠释，体现了中国式现代化对城市规划、建设和管理的新要求。

第1章

公园城市的内涵和理论探索

1.1 公园城市理念的提出

2018 年 2 月，习近平总书记视察四川天府新区的讲话指出，“天府新区一定要规划好建设好，特别是要突出公园城市特点，把生态价值考虑进去，努力打造新的增长极，建设内陆开放经济高地”。

2018 年 4 月，习近平总书记参加首都义务植树活动时的讲话进一步强调，“一个城市的预期就是整个城市就是一个大公园，老百姓走出来就像在自己家里的花园一样”。

2020 年 1 月，习近平总书记主持召开中央财经委员会第六次会议，对推动成渝地区双城经济圈建设作出重大战略部署，明确要求支持成都建设践行新发展理念的公园城市示范区。

从“突出公园城市特点”到“公园城市示范区”，习近平总书记对公园城市建设的要求逐步明确。在四川天府新区的讲话，指出了天府新区发展目标和发展策略。发展目标即“努力打造新的增长极，建设内陆开放经济高地”，而发展策略是“突出公园城市特点，把生态价值考虑进去”。在首都义务植树活动时的讲话，一方面描述了未来城市的空间形态和风貌特征，另一方面也很好地诠释了城市与人民的关系。在中央财经委员会第六次会议上的讲话，进一步坚定了公园城市发展构想，将其从理念探索推进至建设实践和推广层面。

成都有“天府之国”的美称，自然资源禀赋得天独厚，千年传承的山水林田是建设公园城市的优良本底和基础条件。近年来，成都致力于控制中心老城区进一步环状蔓延，探索城市新区区别于中心老城区“摊大饼”模式，保留、利用山水林田资源，优先大规模建设城市生态绿地和公园群组，构建城市与自然和谐相融的公园城市形态基础；重现“绿满蓉城、花重锦官、水润天府”胜景。成都已初步形成“两山两网两环六片”的市域生态格局和“一区一带、四环五楔、蓝脉绿廊、千园棋布”的城市绿地系统规划格局（图 1–1）。

公园城市理念的提出，高度契合了成都市自然历史条件和当前城市所处发展阶段，并为天府新区和成都市城市发展指明了新的发展方向和目标，带来了新的发展机遇，也为新时代背景下落实生态文明建设要求、全面贯彻新发展理念、推进城市绿色转型和高质量发展提供了重要指引。

图 1-1　成都城市绿地系统规划结构图

1.2　公园城市理念解读

2018 年，中共成都市委在习近平总书记提出公园城市理念后，提出了对于公园城市内涵的理解：公园城市作为全面体现新发展理念的城市发展高级形态，坚持以人民为中心、以生态文明为引领，是将公园形态与城市空间有机融合，生产生活生态空间相宜、自然经济社会人文相融的复合系统，是人、城、境、业高度和谐统一的现代化城市形态，是新时代可持续发展城市建设的新模式。

同时，专家学者们也相继开展了公园城市专题研究。较早期的成果有同济大学吴志强院士从“人、城、境、业”四个方面对公园城市的解读，王香春团队从“人、城、园”三个方面的解读，以及李雄教授、刘滨谊教授、王浩教授、中国城市规划设计研究院研究团队的研究解读等。综合各方面的研究成果，可以看出：公园城市理念是基于继承中华优秀传统文化，践行习近平新时代中国特色社会主义思想，完整、准确、全面贯彻新发展理念，加快构建新发展格局，坚持以人民为中心，“五位一体”总体布局和“四个全面”战略布局，全面实现“两个一百年”奋斗目标和中华民族复兴伟大梦想，充分彰显现代化城市生态服务价值，推动生态文明与经济社会发展相得益彰，促进城市风貌与公园形态交织相融，将“绿水青山就是金山银山”理念贯穿城市发展全过程的重要思想理论，代表了中国的城市化发展模式和路径的新方向。

公园城市理念追求人民生活美丽宜居、“三生空间”健康完整、公园体系蓝绿交织、城市生态格局健康安全、生态文明与经济社会共荣发展，是新型城乡人居环境建设理念，具有城市高质量发展、高品质生活、高效能治理相结合等新时代城乡发展新内涵，充分体现了习近平新时代中国特色社会主义思想中以人民为中心的发展思想和构建人与自然和谐共生的绿色发展理念。

公园城市是以中华优秀传统文化为根基，以习近平新时代中国特色社会主义思想和新发展理念为引领，山水人城和谐相融、生态文明与经济社会发展相得益彰的现代化城市空间形态和城市建设范式。

1.3 公园城市的主要特征

公园城市是以问题为导向的中国城市高质量发展方案，致力于探索中国城市高质量发展的新型模式。公园城市“突出问题导向”，旨在解决当前和未来一段时期城市发展的动力和机制问题。

1.3.1　公园城市是城市高质量发展方案

1. 公园城市是城市功能的全新认识

公园城市基于生态文明建设和“五位一体”战略的总体要求，着眼于城市在中国特色现代化建设中的作用和属性，重新审视城市功能，突出城市的人民性，提升城市生态内涵，实现城市经济社会价值。

公园城市是习近平生态文明思想的城市表达，将生态内涵作为城市空间结构布局优化的基础性配置内容，坚持生态伦理，坚持生命共同体的理念，遵循生态规律，坚持生物多样性保护，使生态建设和经济发展相协调。

2. 公园城市是未来城市的理想形态

从城市空间规划角度，公园城市强调构建理想的城市形态，注重“城市空间形态与空间体系优化”。

公园城市区别以往在城市中建设公园的方式，强调将城市建在公园中。公园城市不是“公园”+“城市”，要实现城市与公园的有机融合。

公园城市不是在城市里面多增加几个公园，重要的是整个城市的生态、生活、生产的系统要充满生命力，要有更多的百姓可以参与、可以共享，陪伴着我们的城市一起成长。

3. 公园城市是城市建设的新型模式

从城市建设角度，公园城市强调城市绿色发展，注重城市生态保护与经济建设的有机结合，进而构建新时代城市建设发展全新模式。

公园城市全面贯彻“绿水青山就是金山银山”理念，改变过去经济建设为先、忽视生态环境保护的不良模式，将生态环境保护作为城市建设的优先条件，将良好的生态本底作为城市持续发展的动力和支撑。

公园城市倡导生态导向的开发模式（EOD），强调生态价值转化，将城市生态优势转化为城市发展优势，促进城市可持续发展。

公园城市要实现经济增长，通过系统协调生态、生活和生产的关系，让城市更加宜居、宜业。同时，要系统性规划、调整产业结构和空间布局，从而提升区域核心竞争力。

4. 公园城市是城市治理的有效方式

2019年11月，习近平在上海考察时强调，必须抓好城市治理体系和治理能力现代化。

从社会管理维护角度，公园城市要实现社会治理现代化。要协调人—

城—产的关系，通过“人、城、境、业”的高度融合，实现宜居、宜业、安全、和谐。公园城市要实现开放共享。人人平等享受城市生态环境，享受城市发展成果；为群众创造表达需求、参与城市建设的机会。

1.3.2 公园城市的基本特征

公园城市是社会主义自然观、生态观、民生观、人文观、社会观等在城市建设和治理领域的运用和体现（图 1–2）。公园城市坚持多个统筹、包括城乡统筹、三生统筹、经济社会和文化统筹等。

公园城市是人与自然高度和谐，生态、生产、生活高度协调，经济、社会和文化高质量发展，富有活力和生命力的城市。公园城市应具有以下 7 个方面的基本特征。

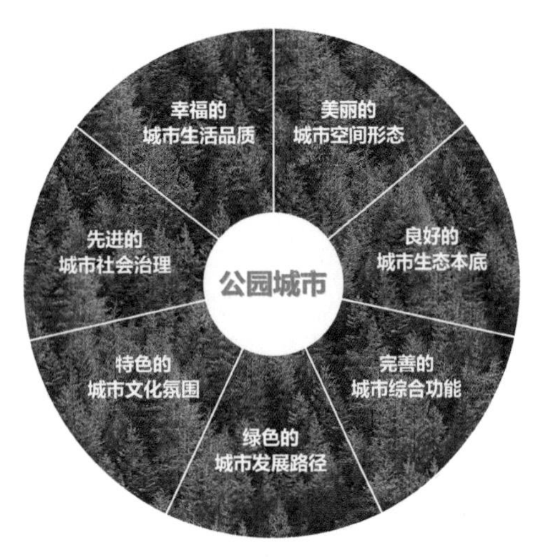

图 1–2　公园城市的基本特征

1. 美丽的城市空间形态

公园城市是自然美学和城市美学价值的充分彰显，公园城市具有美丽的城市空间格局，以绿为底，蓝绿相融，城园一体。城市空间与自然空间高度协调，形成独特美丽的城市风貌，发挥城市的美学价值。

> 一个城市的预期就是整个城市就是一个大公园，老百姓走出来就像在自己家里的花园一样。
>
> ——习近平 2018 年 4 月 8 日参加首都义务植树活动时的讲话

2. 良好的城市生态本底

公园城市是生态友好和城市生态价值的充分体现。良好生态是公园城市的基本特征，公园城市应构建良好的生态本底。坚持生态优先，保护自然生态，修复受损生态，构建城市绿地系统和公园体系，丰富城市生物多样性，维护生态安全，让良好生态成为城市持续发展的根本保障，发挥公园城市的生态效益。

天府新区是“一带一路”建设和长江经济带发展的重要节点，一定要规划好、建设好，特别是要突出公园城市特点，把生态价值考虑进去，努力打造新的增长极，建设内陆开放经济高地。

——习近平2018年2月11日视察天府新区时的讲话

建设人与自然和谐共生的现代化，必须把保护城市生态环境摆在更加突出的位置，科学合理规划城市的生产空间、生活空间、生态空间，处理好城市生产、生活和生态环境保护的关系，既提高经济发展质量，又提高人民生活品质。

——习近平2020年11月12日至13日在江苏考察时的讲话

3. 完善的城市综合功能

公园城市是城市功能和城市经济价值的充分体现。公园城市的基本要义是持续发展，公园城市应具有完善的城市功能。应合理布局城市各类功能区，培育城市发展内生动力，使生态、生产和生活在城市中协调同步良性发展，发挥城市的经济价值。

无论是城市规划还是城市建设，无论是新城区建设还是老城区改造，都要坚持以人民为中心，聚焦人民群众的需求，合理安排生产、生活、生态空间，走内涵式、集约型、绿色化的高质量发展路子，努力创造宜业、宜居、宜乐、宜游的良好环境。

——2019年11月2日，习近平总书记在上海考察时的讲话

4. 绿色的城市发展路径

公园城市是新发展理念的城市表达。公园城市遵循生态优先、绿色低碳的发展路径。公园城市强调在保护生态环境、夯实生态本底的同时，注重生态价值转化，将生态优势转化为城市发展的竞争优势。公园城市遵循空间集约、资源节约、低碳、环保等发展要求。公园城市强调绿色建造，推广绿色化、工业化、信息化、集约化、产业化建造方式。鼓励使用绿色建材，加强建筑材料循环利用，促进建筑垃圾减量化。对既有建筑绿色化改造，推广发展超低能耗建筑、零碳建筑，推动区域建筑能效提升，降低建筑运行能耗水耗。公园城市强调绿色生产，以节能、降耗、减污为目标，强化高效能管理和清洁生产技术应用，实施工业生产全过程污染控制，降

低单位生产的能源消耗，加强经济建设产业布局，提高产业体系的绿色、智能、协同、安全水平。公园城市推动形成绿色生活方式。推广节能低碳节水用品，鼓励使用环保再生产品和绿色设计产品，倡导绿色装修，持续推进垃圾分类和减量化、资源化。

5. 特色的城市文化氛围

公园城市是社会主义文化观和文化价值的充分体现。文化是公园城市的典型特征。公园城市应有效传承历史文化，保护城市历史文化体系，同时彰显社会主义现代文化，打造浓郁的城市文化氛围，突出公园城市的文化价值。

要妥善处理好保护和发展的关系，注重延续城市历史文脉，像对待“老人”一样尊重和善待城市中的老建筑，保留城市历史文化记忆，让人们记得住历史、记得住乡愁，坚定文化自信，增强家国情怀。

——2019 年 11 月 2 日，习近平总书记在上海考察时的讲话

6. 先进的城市社会治理

公园城市是社会主义社会观和社会价值的充分体现。先进的城市社会治理既是城市建设手段，也是城市的重要特征。公园城市应有现代化的城市管理和社会治理格局，使城市富有活力、社会稳定和谐。

城市治理是国家治理体系和治理能力现代化的重要内容。一流城市要有一流治理，要注重在科学化、精细化、智能化上下功夫。既要善于运用现代科技手段实现智能化，又要通过绣花般的细心、耐心、巧心提高精细化水平，绣出城市的品质品牌。

——2019 年 11 月 2 日，习近平总书记在上海考察时的讲话

7. 幸福的城市生活品质

公园城市是社会主义民生观和人本价值的重要体现。人民群众的幸福生活是公园城市的根本目的。公园城市通过生态建设、经济发展、社会治理等，创造宜居、宜业环境，提升人民群众收入水平，创造高品质生活，提升幸福感和获得感。

城市是人民的，城市建设要贯彻以人民为中心的发展思想，让人民群众生活更幸福。

——2019 年 8 月 21 日，习近平在兰州市黄河治理兰铁泵站项目点考察时的讲话

1.4　公园城市理论的内涵

公园城市理论是解决什么是公园城市，如何建设和发展公园城市的系列理论。公园城市理论的核心是在生态文明理念的指导下，关于未来城市的发展目标、城市功能、城市形态、发展动力、城市治理等的中国特色社会主义城市建设的理论观点和战略思想，是新时期城市高质量发展的全新解决方案。

1.4.1　公园城市理论的核心

公园城市理论着重回答了城市的本质是什么，城市的发展为了谁，城市如何发展，城市价值如何实现等重大城市关切问题。

1. 城市的本质

城市是经济社会发展和人民生活的重要载体，是政治、经济、文化、制度各方面活动中心，承载着人口、宜居、发展、创新等要素。城市的发展是人们追求自身发展的空间反映，也是人与自然关系或人类文明在空间上的映射。

基于世界城市发展的客观规律，新时代背景下城市核心竞争力将转变为人才、科技创新、高品质宜居宜业环境等，通过人才、经济、文化等要素汇聚，促进经济社会发展，持续优化以治理体系和治理能力现代化为保障的制度体系。

公园城市顺应了城市发展规律和趋势，突出城市的一体化和系统化发展，紧扣人才、产业、宜居环境、宜业环境、创新环境等影响城市核心竞争力的关键要素，将生态优先、绿色发展作为发展导向，将以人为本、美好生活作为价值取向，成为塑造新时代城市竞争优势的重要抓手。

公园城市强调在保证城市政治、经济、文化、制度良好运行的基础上，深化生态理念，即通过生态、经济、文化、制度、美好生活等多目标要素，实现吸引人才、科技创新等各种促进经济和社会高质量发展的要素集聚的目的，构建美丽中国目标下的城市形态，实现城市的高质量发展。

2. 城市发展的目的

城市发展的目的归根到底是为人民服务。习近平总书记提出的“人民城市人民建，人民城市为人民”的重要理念，深刻揭示了中国特色社会主义城市的人民性，深刻回答了城市建设发展依靠谁、为了谁的根本问题。

公园城市要贯彻“人民城市人民建，人民城市为人民”的城市理念，坚持“城市的核心是人”的价值取向，实现城市为人民服务的根本宗旨。坚持“价值共享”的价值取向，推动社会高水平治理，实现发展成果的高水平共享。

2020 年 4 月 10 日，习近平总书记在中央财经委员会第七次会议上的讲话强调，要坚持以人民为中心的发展思想，坚持从社会全面进步和人的全面发展出发，在生态文明思想和总体国家安全观指导下制定城市发展规划，打造宜居城市、韧性城市、智能城市，建立高质量的城市生态系统和安全系统。

3. 城市高质量发展的路径

城市空间形态、发展动力、建设模式等是城市高质量发展的重要问题。公园城市坚持以“创新、协调、绿色、开放、共享”新发展理念为指导。以创新重塑转型发展新动能，以协调优化永续发展新空间，以绿色探索城市营建新路径，以开放开创合作共赢新境界，以共享构建全民普惠新格局。要全方位推动高标准规划、高品质建设、高质量发展、高水平开放、高效能治理，把新发展理念转化为城市建设发展的生动实践。

公园城市以“生态优先、绿色发展”为根本导向，坚持可持续发展的基本路径，推动发展逻辑从工业逻辑回归人本逻辑，推动由“城市中建公园”向“公园中建城市”转变，构建生产生活生态空间相宜、自然经济社会人文相融的复合系统，凝练人城境业高度和谐统一的城市。

1.4.2　公园城市理论的内涵

公园城市理论是基于对中国当前城市发展经验的总结和现实问题的深度思考，为新时代我国城市可持续发展提供了科学指引，具有鲜明的中国特色。公园城市理论基于针对国内外城市理论的历史性总结，对于世界城市发展也具有积极且重要的意义。

公园城市理论尚处于发展阶段，其核心内涵包括公园城市特征、公园城市形态、公园城市发展动力、公园城市发展模式、公园城市社会治理，以及公园城市评价等的相关理论成果。其中，公园城市特征是理论研究的基础。同时，公园城市实践支撑着公园城市理论的丰富和发展（图1–3）。

1. 公园城市的特征理论

公园城市的特征理论是关于公园城市的本质、属性、特征、价值等的理论，是有关公园城市基本认识的内容。特征理论也包括公园城市产生背景，与以往城市类型的关联等。

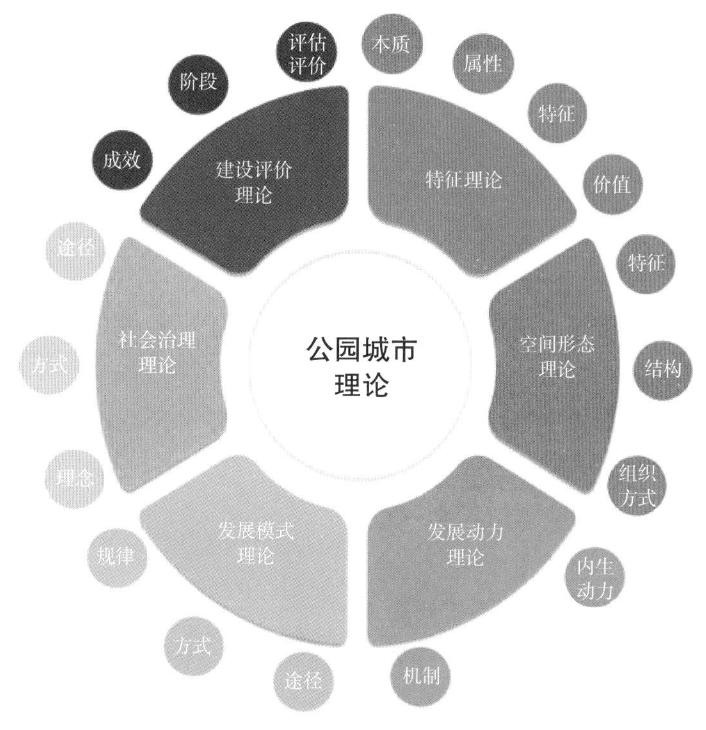

图1–3　公园城市理论框架图

2. 公园城市的空间形态理论

公园城市的空间形态理论是关于公园城市应具有的空间形态特征、结构、组织方式等的理论，包括城市空间的演变过程、规划方法、空间管理、优化策略等相关内容。空间形态理论研究涉及宏观、中观和微观等不同尺度的空间体系。其中，生态空间网络构建是公园城市空间形态理论研究的基础，公园体系的优化和完善是公园城市空间形态理论研究的重要内容。

3. 公园城市的发展动力理论

公园城市的发展动力理论是关于公园城市的发展内生动力和机制的理论，包括城市的产业发展定位、布局和优化等，同时充分关注人民群众对美好幸福生活的需求，强调生态对城市持续发展的重要带动作用，注重生态价值的培育和生态价值转换，以及与之相关的发展动力机制和途径等，如“绿水青山就是金山银山”理论在公园城市中的应用研究、生态场景的营造研究等，构建城市发展新生动力。

4. 公园城市的发展模式理论

公园城市的发展模式理论是关于公园城市发展的途径、方式及其相关规律性的理论，包括城市发展定位、发展重点、发展路径和发展策略等方面的绿色发展模式转型，注重绿色和低碳理论的运用和多元化发展，强调生态与经济、社会和文化的相互作用和交互机制，如推行 EOD 模式的研究和应用等。

5. 公园城市的社会治理理论

公园城市的社会治理理论是关于公园城市的社会治理理念、方式和途径的理论，包括城市的社会治理政策、社会治理格局、社会治理手段等，注重生态网络和公园体系在推动社会现代化治理中的功能作用，坚持公园与城市功能区、社区和乡村的良性互动，如公园化社区的理论研究和实践探索等。

6. 公园城市的建设评价理论

公园城市的建设评价理论是关于对公园城市的建设成效、发展阶段等进行评估评价的理论，包括公园城市建设评价的思路、标准、指标和方法等内容，也包括公园城市价值构成、价值导向和价值转化机制学研究。相关研究成果包括公园城市指数、公园城市评价标准等。

1.5　公园城市理论的探索

公园城市理论的探索是对公园城市特征的认识不断深化，以及形态构建、内生动力、建设途径、发展模式、治理方式和评价手段等不断丰富的过程。2018 年以来，许多学者围绕相关内容开展了大量卓有成效的研究。

1.5.1　公园城市特征和价值研究

1. 公园城市概念解读

同济大学吴志强团队认为，公园城市的内涵可以凝练为“一公三生”，即公共、生态、生活、生产高度和谐统一的大美城市形态和新时代城市新范式，通过形成城市生生不息的内生系统，引导城市永续发展、创新发展。“一公三生”是“公”“园”“城”“市”四字含义的总体融合（图 1–4）。

“公”“园”“城”“市”四个字，分别代表了城市某方面属性。公：平分也，共同的，大家的，所有人的，强调权属，对应公共交往的功能，此处解释为全民共享。园：泛指各种游憩境域，对应整个生态系统，此处理解为生态多样。城：对应人居环境，此处解释为生活宜居。市：对应产业经济活动，此处理解为创新生产。公园城市就是要做到上述

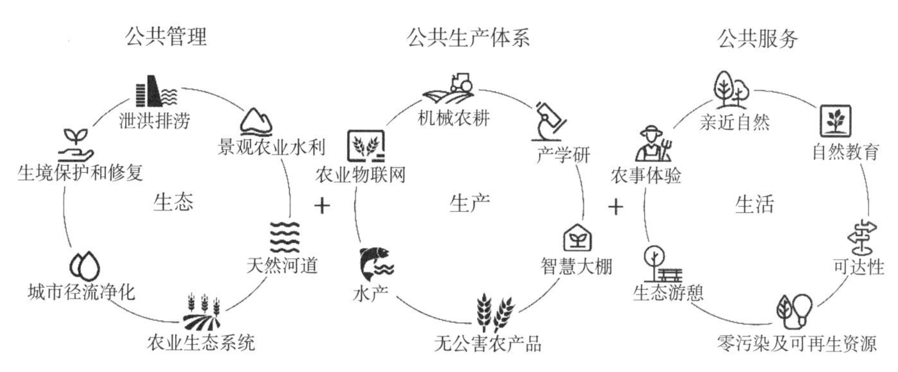

图 1–4　公共本底下的三生融合模式关系图
（查章娅．基于景观基础设施的成都市鹿溪河刘家坝生态绿廊规划建设策略研究 [D]. 苏州：苏州大学，2020.）

“公”“园”“城”“市”四字所代表的各类功能配比良好、复合性高、系统性强的统一整体状态。

公园城市是全新城市建设模式与城市建设理念，是人与自然和谐共生的充分体现，更是美丽中国目标的城市表达。

（1）公园城市的本质在于以人为本

公园城市最为关键的字眼是“公”，强调其是以人民为中心、达成人与人和谐相处的社会状态。公共的内容是公园城市的根本特点和基本前提。

（2）公园城市的基础在于生态价值

公园城市要“将生态价值考虑进去”。公园城市理念不仅满足人民对美好生活的向往，体现了以人民为中心的发展思想，还从规划层面系统性地进行总体布局，实现生态文明建设与城市发展、社会进步的密切融合、高度统一，为城市发展指明了方向。

一方面，大力保护城市自然生态基底本身。另一方面，为市民营造身边可见、可听、可感的自然生态福祉。

（3）公园城市的目的在于新的增长

公园城市要实现“新的增长极”。经济发展是公园城市的核心要义。建设公园城市，不只是开展景观美化、生态保护与修复工作，更重要的是破解城市发展与环境改善的矛盾，以创新能力的提高、资源配置的优化，带动新经济增长点的增加和增强，进而提升社会整体经济发展水平。

原中国城市科学研究会秘书长李迅认为，公园城市就是把公园的绿地系统、公园的城乡生态格局和风貌作为城市发展的一个基础性、前置性的配置要求，把人、公园、城市三者优化结合，是新发展的理念，也是一种模式。公园城市应该是开放的、共享的，强调开放性、普惠性。

中国城市规划设计研究院研究团队提出，公园城市是将城市绿地系统和公园体系、公园化的城乡生态格局与风貌作为城乡发展建设的基础性、前置性配置要素，把市民—公园—城市三者关系的优化和谐作为创造美好生活的重要内容，通过提供更多优质的生态产品以满足人民日益增长的优美生态环境需求的新型城乡人居环境建设理念和理想城市建构模式。

2. 公园城市价值及其转化的理论和方法

明确公园城市价值组成、价值导向和价值转化机制是公园城市理论研究的重要方面，也是公园城市健康发展的重要支撑。从“既要绿水青山也要金山银山”的价值判断，到“宁要绿水青山不要金山银山”的价值选择，再到“绿水青山就是金山银山”的价值创造，生态价值观演替的最终指向更多的是创造性转化形成的生态经济、文化、社会等功能效益，而推动生态价值创造性转化必然成为公园城市建设的目标指向。

《成都市美丽宜居公园城市规划》将公园城市的价值归纳为生态价值、经济价值、美学价值、文化价值、社会价值等方面。《公园城市成都共识2019》将公园城市的价值归纳为美学价值、生态价值、人文价值、经济价值、生活价值、社会价值共六方面。

生态价值的培育和转化是公园城市理论的核心命题之一。四川社会科学院李后强团队认为，生态价值是公园城市区别于其他城市理念的本质特征。公园城市是习近平生态文明思想的城市表达。公园城市建设充分回应习近平总书记“把生态价值考虑进去”的要求，城市规划、建设和管理的各个环节应以“绿水青山就是金山银山”理论为指导，体现生态惠民、生态利民的价值取向。

生态价值转化是公园城市永续发展的必由之路。研究认为，公园城市依托绿色开敞空间，有机植入时尚消费场景、宜居生活场景、新兴业态场景和特色文态场景，进而推动公园城市多重价值的实现，是推动城市可持续发展的源动力。生态价值转化是一个全新命题，仍需在政策保障、市场机制、组织方式、具体路径等方面做出积极而广泛的探索。

清华大学李树华团队提出了公园城市公共健康价值的概念，将其定义为：公园城市建设中，公共绿地从生态环境、个体体验和社会经济三个主要维度对公众的生理、心理、社会和精神等健康产生影响，并形成双向循环作用。研究提出了公园城市公共健康价值作用机制（图 1–5）。

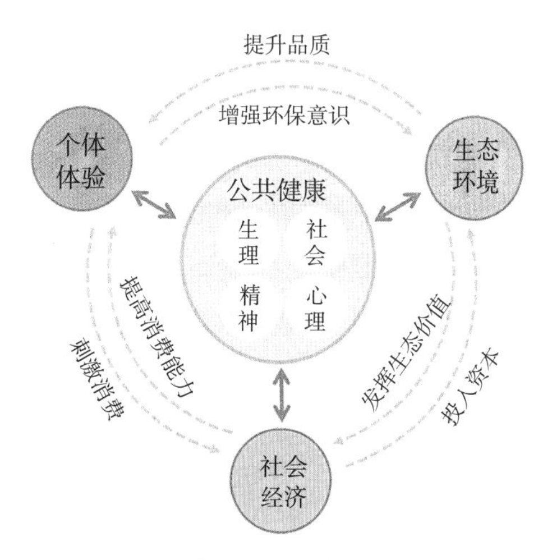

图 1–5　公园城市公共健康价值作用机制图
（成都市公园城市建设领导小组 . 公园城市 成都实践 [M]. 北京：中国发展出版社，2020.）

一方面，公共健康价值的实现依赖于生态环境的改善、经济实力的提升、文化环境的营造、社会治理的优化等。另一方面，公共健康价值的实现，将提升人的状况和自主能力，又会推动生态、经济、人文和社会等价值的形成。

从公共健康价值的定义看，其应属于公园城市多方面价值的综合体现和价值叠合。公共健康价值是城市以人民为中心的价值观的集中反映。对城市中各类环境，特别是居民身边环境对公众健康的影响，以及公众对健康环境的要求进行深入的分析，进而提升各类环境的规划、建设和管理等水平，是提升公共健康价值的重要环节。

1.5.2 公园城市规划理论和方法研究

大美形态是公园城市的典型特征之一。公园城市的空间形态和空间体系优化是公园城市理论研究的重点，也是最为活跃的领域。

中国城市规划设计研究院王忠杰团队提出了基于“五态协同”理念的成都公园城市规划模式。研究认为，公园城市是全面践行新发展理念，坚持以人民为中心、以生态文明为引领，探索新型城镇化模式，将城乡公园绿地系统、公园化的生态格局和风貌作为城乡发展建设的基础性、前置性要素，公园化的绿色生态空间与城市建设空间有机融合，生产生活生态空间相宜、自然经济社会人文相融、人城境业和谐统一的新时代城乡发展建设的新理念和理想城市建构新模式。

空间形态是支撑公园城市发展的物质基础。研究团队认为，公园城市相对于其他城市规划建设的突出特点是，将城乡公园绿地系统、公园化的绿色生态格局和风貌作为城乡发展建设的基础性、前置性要素，强调“公园化城”，即公园化的绿色生态空间与城市建设空间有机融合。

研究指出，“公园化城”是公园城市规划建设的核心要义，在宏观、中观和微观等空间层次上均有相应体现（图 1–6）。宏观层次上，“公园化城”体现在区域尺度上城市集中建设区域与生态空间的耦合协调，强调生态空间格局与绿地系统对城市发展的基础性支撑引领作用；中观层次上，体现在城市片区尺度上以“公园化混合布局单元”为代表，强调城市建设组团与结构性绿色空间的融合发展与品质提升，对应于支撑分区（片区）规划、城市设计和环境景观规划的编制；微观层次上，体现在城市街区尺度上开放空间系统与建筑或建筑群的融合协调布局，对应于支撑街区详细规划、社区治理工作和公园绿地设计。

研究团队主张将功能混合布局作为公园城市规划建设的核心理念，重

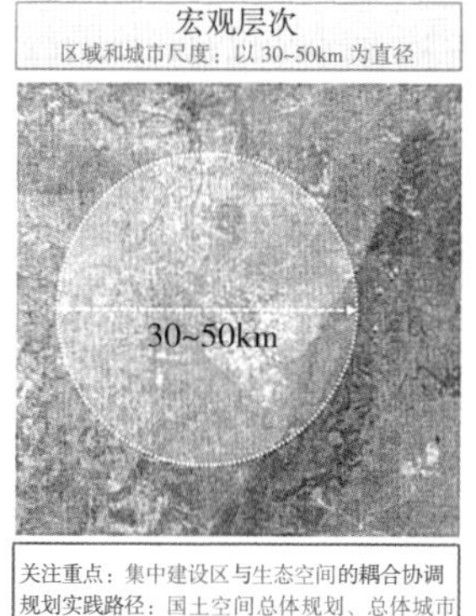

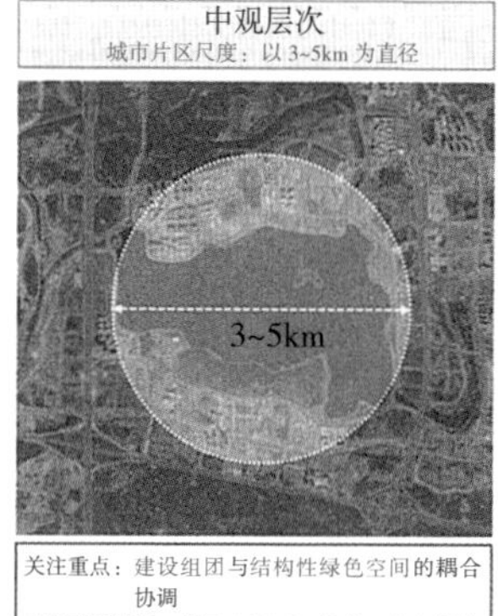

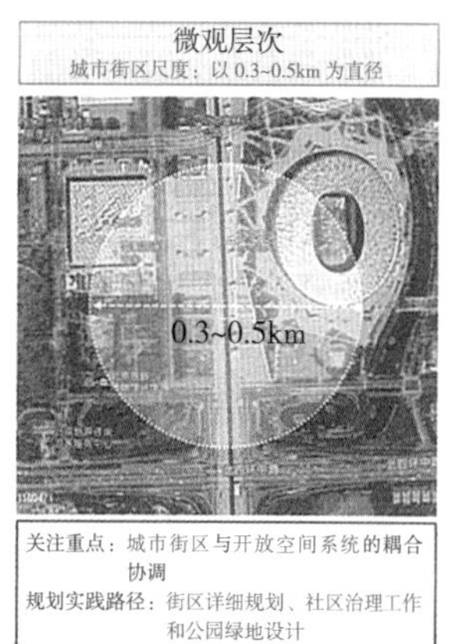

图 1-6　不同空间尺度上的公园城市形态塑造重点和应用
（成都市公园城市建设领导小组．公园城市 成都实践 [M]. 北京：中国发展出版社，2020.）

构相对割裂的城市功能组织形式，通过创造适宜的空间条件，统筹聚集多种从属功能，完善多样化服务功能，有效提高空间活力和吸引力。

空间布局与功能属性有机融合，营造多样化的场景，作为城市规划建设的重要方式，即"场景营城"。研究团队进一步延伸了场景营城的理论和方法，提出了"五态协同，塑造公园城市场景特质"的具体策略。"五态"指生态、形态、仪态、业态和活态，分别代表公园城市的五种功能属性，"五态协同"即生态嵌合、形态耦合、仪态契合、业态混合与活态聚合，具体操作上五态并举、彼此协调、各有侧重（图 1-7）。

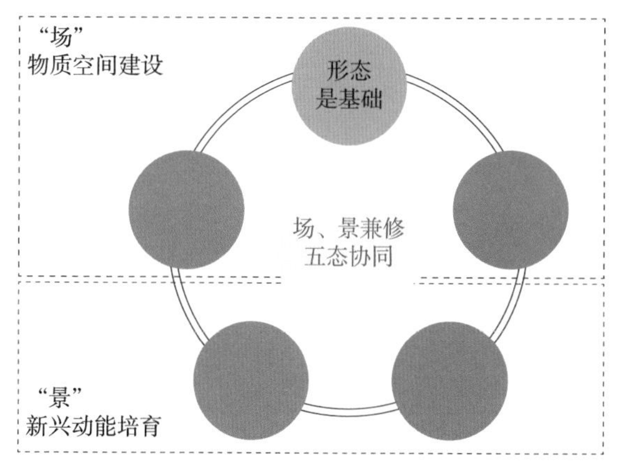

图 1-7　"五态协同"的公园城市场景营建策略体系模式图
（成都市公园城市建设领导小组．公园城市 成都实践 [M].
北京：中国发展出版社，2020.）

不断完善公园城市空间规划理论，提升公园城市的空间规划水平，统筹优化城乡空间，实现生态、生产和生活空间的合理布局和完美融合，支撑城市产业发展和竞争力提升，满足人民群众的美好生活需求，仍是公园城市理论体系的重要内容。

1.5.3 公园城市建设理论研究

公园城市的建设是一项系统性工程。公园城市建设理论涉及建设目标、建设路径、建设基础等研究内容。

1. 公园城市建设目标研究

公园城市建设首先要确立明确的目标，作为所有工作的方向。同济大学刘滨谊团队提出了公园城市的 9 个目标，简称为 ECH9。详细解释为：E——产业、经济、生态；C——创造、文化、公共；H——健康、幸福、和谐。研究认为，此 9 个目标可延伸为公园城市的 9 项评价标准，用于公园城市建设成果的评价。中国城市建设研究院王香春等研究认为，在公园城市的建设中，各地宜围绕“生态环境优美、人居环境美好、生活舒适便利、城市安全韧性、城市特色鲜明、城市绿色发展、社会和谐善治”7 个主要建设目标开展（图 1–8）。

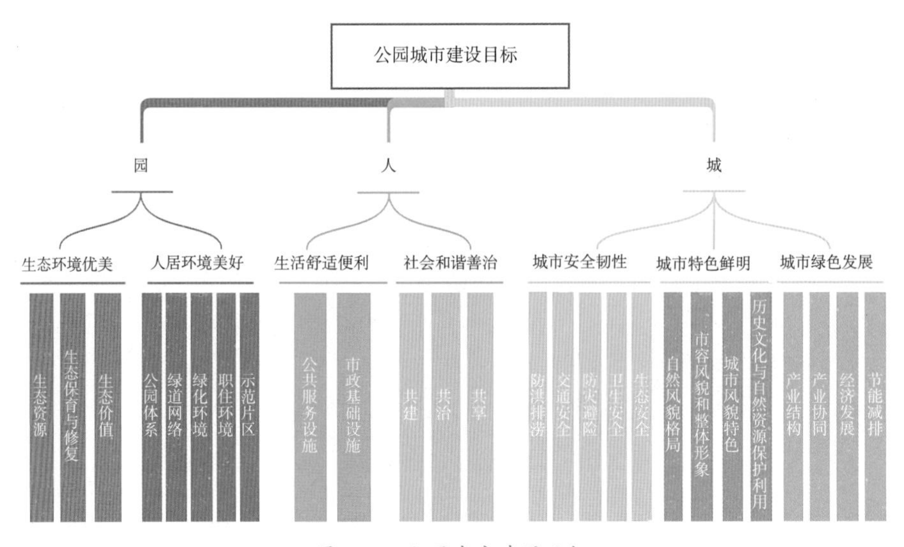

图 1–8　公园城市建设目标

（王香春，蔡文婷 . 公园城市建设标准研究 [M]. 北京：中国城市出版社，2023.）

2. 公园城市建设路径研究

公园城市建设的路径研究，为公园城市建设提供了系统化的思维和方法指引。王香春等提出了公园城市建设的步骤，即在摸底评估和弄清人民需求的基础上，做好顶层设计，基于顶层设计精心策划实施方案，明确任务分工，细化进度安排，加强过程监督，并抓实动态考核，以考核结果为指引调整规划目标、实施方案等，实现主要目标不变却又螺旋式发展提升（图 1–9）。

浙江大学张清宇团队也提出了公园城市建设路径（图 1–10），公园城市建设包括生态环境治理、绿地建设、产业、文化等众多方面内容。

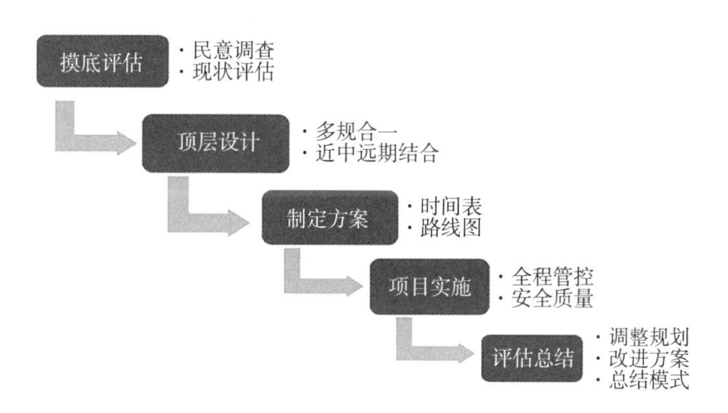

图 1–9　公园城市建设步骤图
（王香春，王钰，陈艳，等. 高质量可持续发展理念下公园城市建设探索 [J]. 江苏建筑，2021（2）：1–4.）

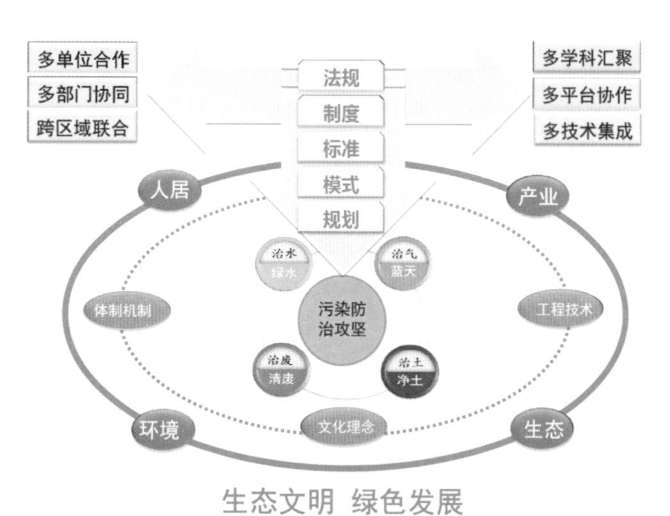

图 1–10　公园城市的建设路径

3. 公园城市的建设基础研究

清华大学贺克斌团队认为，生态环境建设是公园城市建设的重要基础。良好的生态环境所承载的公园城市生态价值，能为区域发展提供动力和保障。该团队就成都公园城市建设中的生态环境建设状况进行了跟踪研究，对成都大气、水、土壤等生态环境质量进行了综合评估，并提出生态环境领域发展策略和路径。研究认为，成都公园城市建设应进一步分介质做好环境治理和改善，实施跨区域协同、跨部门协同治理。要深化生态环境建设与产业、经济发展的紧密结合，持续推动产业生态化和生态产业化。

产业生态化包含两层含义：一是提升传统产业技术水平，实现产出提高，能耗物耗降低；二是发展新型产业，形成产业生态圈。生态产业化则是将生态环境作为产业发展的基础动力，持续转化生态价值，实现“绿水青山就是金山银山”。

人居环境质量的改善和提升是公园城市建设的重要内容。清华大学武廷海和袁琳牵头的研究团队就人居环境建设与公园城市理念更好地结合进行了探讨。从城市的基本生活圈系统、街道空间系统、数据信息系统等角度，提出了相关建议。研究认为，增绿是城市生活圈系统提升的重要内容，更要注重市民满足感的提升。这种提升不仅体现于绿色空间的满足，也要注重绿色空间改善过程中各类生活游憩设计的增补。街道空间系统提升不仅是现有街道绿化的改造，更应同居民出行和交通方式的发展和革新更好地结合，统筹推进。研究主张深入发展城市数据信息系统，加强人与自然的连接和互动，重构城市人与自然的关系。具体措施上，应加强城市环境数据库的建设，并将其连接到居民可使用的参与式分享平台，更好地激发人与自然的互动，促进人与自然关系的改善。

4.“场景营城”理论探索

“场景营城”理论是公园城市建设理念的重要突破和创新。中国城市规划设计研究院王忠杰团队着重从规划角度，对场景营城的理论和方法进行了深入研究（前文已提及）。四川省社会科学院李后强团队则从场景对“生态价值”转化的支撑角度，对成都场景营城的实践进行了总结和分析。

场景是一个地方的整体文化风格或美学特征，由侧重功能满足的“场所”与侧重价值判断的“景观”所构成，是具有价值导向、文化风格、美学特征、行为符号的城市空间，是促进现代城市发展的新的生产要素。场景是生态价值转化的空间载体和实现途径。这些研究成果为场景营城实践提供了坚实的理论指引。

研究认为，在场景营城实践中还存在一些不足，主要体现在：一是场景营造的深层含义认识不足；二是场景营造功能复合不够；三是场景价值转化机制不完善；四是场景营造的创新策划和设计不够；五是场景营造的政策保障不足等。就进一步推动场景营城实践，提升公园城市建设水平，研究主张，进一步深化对公园城市场景营城理念和方式的研究和认识，更好地探寻场景营造与价值转化的互动机制，提升场景营造的策划和设计水平，并着力培育场景品牌，加强对成功场景的宣传等。

5. 生态环境导向开发（EOD）模式应用探索

建立以价值开发为导向的生态价值转化路径，是成都落实习近平总书记提出的“把生态价值考虑进去”的指示要求，助力践行新发展理念的公园城市示范区建设的重要战略选择。大力推动生态环境导向的开发模式（EOD），是成都近年探索的重点领域之一。受成都市公园城市建设管理局委托，中国城市规划设计研究院王忠杰和高飞牵头的团队开展了成都公园城市 EOD 模式系列研究，明确了 EOD 模式的内涵特征，首次提出 EOD 模式“生态绿色、产业赋能、生活美好、经济提振”四个维度的指标框架。结合成都自身生态资源特点，构建了以“山、水、田、园”为对象的 EOD 模式规划建设体系（图 1–11），并以建设指南的方式加以引导。

图 1–11　成都市 EOD 建设引导目标体系

成都EOD模式强调生态资源的产业化利用，围绕“两山、两网、两环”的独特资源，寻求生态增值效益。以杨溪湖湿地公园为代表的公园类EOD项目，通过开展尊重场地环境的规划设计，坚持中长期布局，循序渐进开发，正在逐步实现公园化片区的土地溢价增值，反哺公园前期建设投入与后期运营维护。白沫江水美乡村生态综合体EOD项目，作为龙门山生态价值转换示范区之一，致力于龙门山生态修复，基于邛崃市生态本底和物种、地形、水的资源特征，引入拟自然的生境营造概念，通过建设龙门山生物多样性博览园、发展多样化的休闲游憩产业、积极打造自带流量的生态场景等方式，实现生态价值转化、经济价值增显、社会价值提升。

1.5.4 公园城市治理理论和方法研究

城市高质量发展的内涵要求，公园城市不仅要有高质量的建设，更要有高质量的治理。城乡社区是国家社会治理的基本单元，是创新社会治理的基础平台。社区治理是推进社会治理体系和治理能力现代化的重要阵地。

同济大学吴志强团队对成都市以公园城市建设理念为指引，创新城乡社区治理的实践进行了研究，总结出成都在推动基层治理体系和治理能力现代化方面的若干经验：一是持续出台创新社会治理的政策文件，为营造城乡社区可持续发展提供制度保障；二是积极搭建共享平台，拓展社会化参与空间；三是持续重塑“关键少数”理念，不断强化民众社区意识；四是坚持聚焦系统治理，提升城乡社区综合服务能力。研究主张对城乡社区实行分类治理、创新治理、精细治理，使其贯穿社区形态、业态、生态、文态、心态“五态”提升全过程。

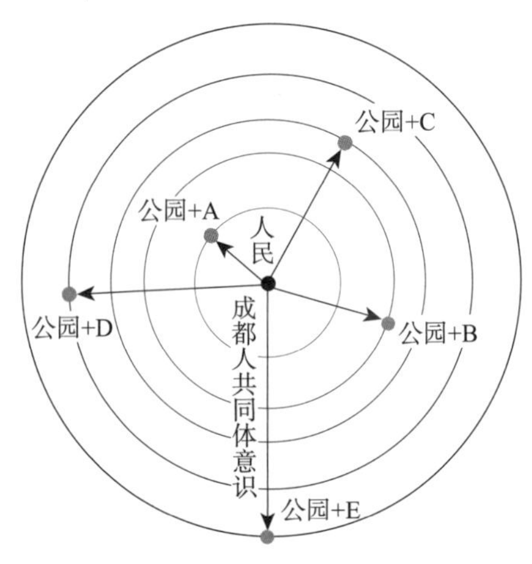

图 1-12　成都城乡社区治理同心圆模式示意图

（成都市公园城市建设领导小组．公园城市 成都实践[M]. 北京：中国发展出版社，2020.）

研究将成都基层社区治理经验总结为“社区治理同心圆模式”（图1-12）。即以人民为圆心，找到全社会意愿和要求的最大公约数，以社区治理为半径，塑造成都人共同体意识，以“公园 +”为支点，通盘考虑、统筹安排，绘制民心民愿最大同心圆，广泛凝聚实现成都崛起的正能量，体现道路自信、理论自信、制度自信和文化自信。

研究团队建议，成都公园城市建设中应进一步深化提高城乡社区发展的系统治理、依法治理、综合治理、源头治理水平，推动各项制度更加成熟、更加定型。

1.5.5 公园城市评价理论和方法研究

从公园城市理念提出起，如何构建公园城市的科学评价体系，确立公园城市评价的方法和指标，一直是公园城市理论研究的重要方面。

已有的公园城市考核指标研究中，大多按照“人城境业”高度和谐统一的要求，对人、城、境、业分别设置细分指标，进行测算考察。其中，“人”和“城”更多地体现公园城市的社会价值，大多选用社会发展指标，而“境”“业”更多地体现公园城市的经济效益。

1.《公园城市指数（框架体系）》

天府新区联合中国城市规划学会编制发布了《公园城市指数（框架体系）》，也称公园城市指数 1.0。该指数植根于天府新区近三年来公园城市建设的生动实践，聚焦和谐共生、品质生活、绿色发展、文化传扬、现代治理五大维度，从 15 个方面为公园城市建设提供了目标导航和度量标尺，形成了“1–5–15”（一个目标、五大领域、十五个指数）指标框架体系（图 1–13）。

一个目标是“和谐美丽、充满活力的永续城市”，五大领域即“和谐共生、品质生活、绿色发展、文化传扬、现代治理”，十五个指数是“安全永续、自然共生、环境健康、城园融合、田园生活、人气活力、生态增值、生态赋能、绿色低碳、文化传承、文化驱动、开放包容、依法治理、基层治理、智慧治理”。

在公园城市指数的框架体系下，天府新区结合自身特点进一步深化形成了具体的 45 组公园城市特色指标体系，与各部门工作深度结合，作为天府新区公园城市建设的度量标尺和实施指南，为其他城市提供先行样例。

2. 公园城市“绿水青山”发展指数

浙江大学张清宇团队提出了公园城市“绿水青山”发展指数，并对其

图 1–13　公园城市指数示意图
（陈明坤 . 公园城市建设实践探索——以成都市为例 [M].
北京：中国城市出版社，2024.）

进行了深入研究和解读。公园城市“绿水青山”发展指数提出，基于城市尺度上“绿水青山就是金山银山”理念落实情况的考量和反映，是推动公园城市建设中，更好地体现人与自然和谐共生，贯彻落实美丽中国目标和任务的需要；是在公园城市建设中，将“两山”建设与经济建设有机结合，不断推动“两山”理论实践拓展的需要。

公园城市“绿水青山”发展指数具体分解为经济发展、生态环境保护、生态文化发展、满足人民美好生活需要以及制度保障五方面内容，对应为生态经济综合指标、生态环境综合指标、生态人居综合指标、生态文化综合指标和制度体系综合指标五大类，含人均 GDP、经济生态生产总值（GEEP）、城乡居民人均可支配收入、生态建设经济增加值、“三新”经济增加值 GDP 占比等多项具体指标（表 1–1）。

公园城市“绿水青山”发展指标体系　　表 1-1

综合指标	分指标
生态经济	人均 GDP
	经济生态生产总值（GEEP）
	城乡居民人均可支配收入
	生态建设经济增加值
	“三新”经济增加值 GDP 占比
	绿色第二产业对 GDP 的贡献度
	第三产业对 GDP 的贡献度
	绿色发展指数
生态环境	生态环境状况指数
	GDP 自然资源消耗值
	生态带绵延度
	物种多样性指数
	环境空气优良天数
	地表水水体优良率
	土壤质量达标率
	城市功能区声环境达标率
生态人居	幸福指数
	蓝绿空间指数
	公众对公园城市建设满意程度
	城市智慧化水平
	千人绿道长度
	绿道服务设施丰度
	城市公园绿地 500m 服务半径覆盖率
	绿色交通分担率

续表

综合指标	分指标
生态文化	生态的人文价值转化率
	公园城市的美域度
	生态文化发展指数
	公众共建共享指数
	生态文明宣传教育普及
	城市省级以上非遗万人拥有量
	高等教育毛入学率
	万人博物馆面积
制度体系	健康寿命年
	生态空间执行率
	公园城市建设质量纳入政绩考核
	每千名老人拥有的养老床位数
	每千人拥有医生数
	低保人口比例
	生态文化推广体系
	城市生态建设相关荣誉

（成都市公园城市建设领导小组 . 公园城市 成都实践 [M]. 北京：中国发展出版社，2020.）

公园城市“绿水青山”发展指数遵循“五位一体”总体布局，兼顾了经济、政治、文化、社会、生态五个方面。同时，充分结合公园城市特点，强调生态对城市发展的基础性作用和“以人为本”的核心。

指标体系兼顾普适性和易采集性，便于在不同城市间进行比较，发现问题和不足，明确方向和重点，为决策者进行决策提供理论依据，也可作为公园城市建设绩效评估的重要参考。

3.“两山”发展社会指数

国研经济研究院李布团队提出，以“两山”理论为指引，建立一套统筹兼顾生态文明和经济社会发展的指标体系。研究提出了“两山”发展社会指数的概念，把不同维度的指标进行统筹归并，形成具有时序数据、可向下分解、可横向比较的指标体系。

研究认为，公园城市指标体系构建应以相关理论研究为依据，如从“产城人”到“人城产”的城市发展理念变革，公园城市的科学内涵和核心价值等。公园城市指标体系应关注公园城市的环境溢价，作为产业载体和消费场景的价值，以及在促进城乡统筹、增进社会和谐等方面的价值。公园城市指标体系应突出城市竞争力提升相关指标，注重对基础设施、经济发展水平、生活质量、科技创新、文化氛围、社会治理及公共服务等方面的指标选取和考量。

研究重点结合成都的实践，分析成都公园城市建设的现状、问题和发展目标，制定出16项指标，作为考核成都“两山”发展水平的原始指数（表1–2）。这些指标包括公园城市建设项目年度总投资额占GDP的比重、公园城市年度运行维护费用占财政收入的比重、公园城市项目收支平衡实现率等。

“两山”发展社会经济指数 表1–2

目标层		准则层		指标层
“两山”发展社会经济指数	经济发展指数	投入	开发投入	公园城市建设项目年度总投资额占GDP的比重（%）（–）
				公园城市年度运行维护费用占财政收入的比重（%）（–）
		状态	经济活力	公园城市项目收支平衡实现率（%）（+）
				公园城市项目范围内入驻企业（法人）户数增幅（%）（+）
				服务业和高技术产业占GDP的比重（%）（+）
		影响	经济价值	城市空气质量优良天数的年度占比（%）（+）
				容积率加权绿地率（%）（+）
				国土空间资源溢价率（%）（+）

续表

目标层		准则层		指标层
"两山"发展社会经济指数	社会发展指数	投入	社会参与	公园城市建设项目年度引入的社会资本占总投资额比（%）（+）
		状态	社会公平	30min 通勤圈范围内就学就业就医的城市居民比例（%）（+）
				30~50 岁常住人口具有大学本科以上学历比例（%）（+）
				乡村居民收入与城镇居民收入比（%）（+）
		影响	社会价值	常住人口年度净迁入率（%）（+）
				绿色社区占比（%）（+）
				网红城市全国排名（相对于我国传统一线城市）位次（%）（/）
				世界城市排名（相对于我国传统一线城市）位次（%）（/）

（成都市公园城市建设领导小组 . 公园城市 成都实践 [M]. 北京：中国发展出版社，2020.）

4.《公园城市评价标准》T/CHSLA 50008—2021

中国城市建设研究院王香春牵头的团队，编制完成国内首个《公园城市评价标准》T/CHSLA 50008—2021（中国风景园林学会团体标准）。研究团队系统研究了园林城市评价标准等指标体系，面向公园城市特点和要求，结合公园城市建设实践，构建了生态环境、人居环境、生活服务、安全韧性、特色风貌、绿色发展、社会治理 7 个方面共 72 个指标组成的评价体系（表 1–3），为全国公园城市建设提供了重要技术支撑。

该指标体系的构建充分考虑了城市更新、韧性发展等一些最新要求，内容更加全面。与以往研究不同的是，该评价标准强调了评价指标体系的弹性，针对不同发展阶段的公园城市，在保证基础指标的前提下，部分指标选取具有一定的灵活性。

5. 基于公共健康价值的公园城市评价标准体系

清华大学李树华团队基于对公园城市健康价值的分析，提出应建立基于公共健康价值的公园城市评价标准体系，从生态环境、个体体验和社会经济三个方面衡量城市的各类建设情况，并通过人均期望寿命、各类疾病发病率与死亡率等公共健康指标，直接反映公园城市整体建设所实现的公共健康价值。

基本建成级公园城市评价标准和指标 **表 1-3**

评价类型	中类	序号	评价内容		评价标准		指标分类
			评价指标	评价项			
生态环境	生态资源	1	蓝绿空间占比	蓝绿空间占比	≥ 60%		基础项
		2	耕地与永久基本农田管控	耕地与永久基本农田管控	严格按照国土空间规划确定的耕地保有量和永久基本农田控制线进行管控，并执行耕地保护的有关规定		基础项
		3	林木覆盖率	林木覆盖率	年降水量 400mm 以下的城市	≥ 30%	基础项
					年降水量 400~800mm 的城市	≥ 40%	
					年降水量 800mm 以上的城市	≥ 45%	
					湿地及水域面积占国土总面积 10% 以上的城市	≥ 30%	
	生态保育与修复	4	生态保护红线管控	生态保护红线管控	严格按照国土空间规划确定的生态保护红线进行管控，并执行生态保护红线管理的有关规定		基础项
		5	全年空气质量优良天数	全年空气质量优良天数	≥ 300d		基础项
		6	湿地保护率	湿地保护率	≥ 75%		基础项
		7	水体岸线自然化率	水体岸线自然化率	≥ 85%		基础项
		8	水体治理和修复率	黑臭水体治理率	100%		基础项
				地表水Ⅳ类及以上水体比率	≥ 70%		基础项
		9	废弃地生态修复率	废弃地生态修复再利用率或废弃地修复成果维护保持率	废弃地生态修复再利用率	与考核前一年相比增长大于或等于 15%	基础项
					废弃地修复成果维护保持率	大于或等于 98%，且与考核前一年相比只增不减	

续表

评价类型	中类	序号	评价内容		评价标准		指标分类
			评价指标	评价项			
生态环境	生态保育与修复	10	破损山体生态修复率	破损山体生态修复完成率或破损山体修复成果维护保持率	破损山体生态修复完成率	与考核前一年相比增长大于或等于20%	基础项
					破损山体修复成果维护保持率	达到100%，且与考核前一年相比只增不减	
		11	园林绿化工程项目中乡土植物苗木使用率	园林绿化工程项目中乡土植物苗木使用率	≥ 80%		基础项
	生态价值	12	生态网络联结度	生态连接指数	稳定提升		基础项
				生态边缘密度	稳定提升		基础项
		13	生物多样性保护	综合物种指数	≥ 0.60		基础项
				本地植物指数	≥ 0.70		基础项
				复层植物种植比例	≥ 55%		基础项
		14	城市热岛效应	城市热岛效应强度	≤ 2.5℃		基础项
人居环境	公园体系	15	公园体系规划建设	编制公园体系规划	编制规划，引导构建数量达标、类别齐全、分布均衡、功能完备的公园体系。公园体系规划建设宜因地制宜考虑公园复合功能、多种场景叠加植入等，增强公园可进入性和可参与性		基础项
				公园体系规划实施率	≥ 95%		基础项
		16	公园数量	人均公园绿地面积	≥ 10m² / 人		基础项
				万人拥有综合公园指数	≥ 0.07		基础项
				人均专类公园面积	小城市、中等城市	≥ 1.2m² / 人	基础项
					大城市及以上规模的城市	≥ 1.7m² / 人	
				人均游憩绿地面积	≥ 20m² / 人		基础项

续表

评价类型	中类	序号	评价内容		评价标准	指标分类
			评价指标	评价项		
人居环境	公园体系	17	公园布局	公园绿地服务半径覆盖率	≥ 92%： 5000m^2（含）以上公园绿地按照 500m 服务半径评价，1000（含）~5000m^2 的公园绿地按照 300m 服务半径评价	基础项
				10hm^2 以上公园 1500m 服务半径覆盖率	≥ 90%	基础项
		18	公园品质	公园品质评价值	≥ 9 分	基础项
	绿道网络	19	绿道规划、建设和运营管理情况	绿道规划编制、规划绿道建设实施、设施配套建设、运营管理与服务水平	单独编制绿道规划，按照年度实施计划实施，绿道网络完整、层级清晰、类型多元，建成绿道沿线林荫覆盖度高、配套设施体系完善，且建立健全运营、管养机制	基础项
				城市万人拥有绿道长度	≥ 1.5km/ 万人	基础项
	绿化环境	20	城市绿化建设总体情况	建成区绿地率	≥ 37%	基础项
				建成区绿化覆盖率	≥ 42%	基础项
				林荫路推广率	≥ 90%	基础项
				立体绿化推广实施水平	制定立体绿化推广的鼓励政策、技术措施和实施方案，立体绿化面积逐年递增且效果良好	基础项
	职住环境	21	职住环境公园化实施情况	园林式居住区比例	≥ 60%	基础项
				园林式单位比例	≥ 60%	基础项
				单位和住宅附属绿地中面向本单位和本住宅区所有人开放共享的绿地建设情况	因地制宜改建、新建单位附属绿地和居住区附属绿地中的开放共享绿地；具备条件的单位附属绿地还要面向社会开放共享，局部与城市绿地融合成网	引导项

续表

评价类型	中类	序号	评价内容		评价标准		指标分类
			评价指标	评价项			
人居环境	示范片区	22	集中体现公园城市建设理念的片区建设情况	公园化生活街区示范区个数	二型小城市	≥ 2 个	基础项
					一型小城市	≥ 4 个	
					中等城市	≥ 6 个	
					二型大城市	≥ 12 个	
					一型大城市	≥ 30 个	
					特大城市	≥ 50 个	
					超大城市	≥ 100 个	
				公园化功能区示范区个数	二型小城市	≥ 2 个	基础项
					一型小城市	≥ 4 个	
					中等城市	≥ 6 个	
					二型大城市	≥ 12 个	
					一型大城市	≥ 30 个	
					特大城市	≥ 50 个	
					超大城市	≥ 100 个	
				城市公园化生态地区示范区面积比例	大于或等于城镇开发边界面积的 10%		基础项
生活服务	公共服务设施	23	文化设施	人均公共文化设施用地面积	≥ 0.35m^2 / 人		基础项
				城市社区文化活动设施步行 15min 覆盖率	≥ 90%		引导项
		24	教育设施	人均教育设施用地面积	≥ 3.5m^2 / 人		基础项
				城市社区中学步行 15min 覆盖率	≥ 90%		基础项

续表

<table>
<tr><th rowspan="2">评价类型</th><th rowspan="2">中类</th><th rowspan="2">序号</th><th colspan="2">评价内容</th><th rowspan="2" colspan="2">评价标准</th><th rowspan="2">指标分类</th></tr>
<tr><th>评价指标</th><th>评价项</th></tr>
<tr><td rowspan="14">生活服务</td><td rowspan="14">公共服务设施</td><td rowspan="2">24</td><td rowspan="2">教育设施</td><td>城市社区小学步行 10min 覆盖率</td><td colspan="2">≥ 90%</td><td>基础项</td></tr>
<tr><td>城市社区幼儿园步行 5min 覆盖率</td><td colspan="2">≥ 90%</td><td>基础项</td></tr>
<tr><td rowspan="3">25</td><td rowspan="3">体育设施</td><td rowspan="2">人均体育场地面积</td><td>小城市、中等城市、大城市</td><td>≥ 2.4m^2/ 人</td><td rowspan="2">基础项</td></tr>
<tr><td>特大城市、超大城市</td><td>≥ 2.0m^2/ 人</td></tr>
<tr><td>城市社区体育设施步行 15min 覆盖率</td><td colspan="2">≥ 90%</td><td>基础项</td></tr>
<tr><td rowspan="5">26</td><td rowspan="5">医疗卫生设施</td><td rowspan="3">人均医疗卫生设施用地面积</td><td>小城市、中等城市</td><td>≥ 0.75m^2/ 人</td><td rowspan="3">基础项</td></tr>
<tr><td>大城市、特大城市</td><td>≥ 0.85m^2/ 人</td></tr>
<tr><td>超大城市</td><td>≥ 0.95m^2/ 人</td></tr>
<tr><td>医疗卫生设施千人床位数</td><td colspan="2">≥ 6.5 床 / 千人</td><td>基础项</td></tr>
<tr><td>城市社区卫生服务设施步行 15min 覆盖率</td><td colspan="2">≥ 90%</td><td>基础项</td></tr>
<tr><td>27</td><td>商业设施</td><td>城市社区商业服务设施步行 10min 覆盖率</td><td colspan="2">≥ 90%</td><td>引导项</td></tr>
<tr><td rowspan="3">28</td><td rowspan="3">社会福利设施</td><td rowspan="2">人均社会福利设施用地面积</td><td>小城市、中等城市、大城市</td><td>≥ 0.5m^2/ 人</td><td rowspan="2">基础项</td></tr>
<tr><td>特大城市、超大城市</td><td>≥ 0.3m^2/ 人</td></tr>
<tr><td>城市社区养老服务设施步行 15min 覆盖率</td><td colspan="2">≥ 90%</td><td>基础项</td></tr>
</table>

续表

<table>
<tr><th rowspan="2">评价类型</th><th rowspan="2">中类</th><th rowspan="2">序号</th><th colspan="2">评价内容</th><th rowspan="2" colspan="2">评价标准</th><th rowspan="2">指标分类</th></tr>
<tr><th>评价指标</th><th>评价项</th></tr>
<tr><td rowspan="12">生活服务</td><td rowspan="12">市政基础设施</td><td rowspan="2">29</td><td rowspan="2">城市给水系统</td><td>管网漏损率</td><td colspan="2">≤ 10%</td><td>基础项</td></tr>
<tr><td>水质达标率</td><td colspan="2">100%</td><td>基础项</td></tr>
<tr><td rowspan="2">30</td><td rowspan="2">城市污水系统</td><td>城市污水处理率</td><td colspan="2">100%</td><td>基础项</td></tr>
<tr><td>城市污水处理污泥达标处置率</td><td colspan="2">100%</td><td>引导项</td></tr>
<tr><td rowspan="4">31</td><td rowspan="4">城市环卫系统</td><td>生活垃圾无害化处理率</td><td colspan="2">100%</td><td>基础项</td></tr>
<tr><td>建筑垃圾资源化利用率</td><td colspan="2">≥ 50%</td><td>引导项</td></tr>
<tr><td>餐厨垃圾资源化利用率</td><td colspan="2">≥ 65%</td><td>引导项</td></tr>
<tr><td>园林绿化垃圾资源化利用率</td><td colspan="2">≥ 50%</td><td>基础项</td></tr>
<tr><td rowspan="3">32</td><td rowspan="3">城市道路系统</td><td>公共交通站点500m 覆盖率</td><td colspan="2">100%</td><td>基础项</td></tr>
<tr><td>城市道路完好率</td><td colspan="2">100%</td><td>基础项</td></tr>
<tr><td>路网密度</td><td colspan="2">≥ 8.5km/km^2</td><td>引导项</td></tr>
<tr></tr>
<tr><td rowspan="4">安全韧性</td><td rowspan="4">防洪排涝</td><td rowspan="3">33</td><td rowspan="3">径流控制</td><td rowspan="2">年径流总量控制率</td><td>小城市、中等城市</td><td>≥ 70%</td><td rowspan="2">基础项</td></tr>
<tr><td>大城市及以上规模的城市</td><td>≥ 65%</td></tr>
<tr><td>城市内涝积水点密度</td><td colspan="2">加强排水系统运行维护与优化，完善排水设施，对城市积水内涝点加强监测，减少城市内涝。城市内涝积水点密度根据城市现状确定，只减不增</td><td>基础项</td></tr>
<tr><td>34</td><td>雨水资源利用</td><td>年均雨水资源利用率</td><td colspan="2">≥ 25%</td><td>基础项</td></tr>
</table>

续表

评价类型	中类	序号	评价内容		评价标准	指标分类
			评价指标	评价项		
安全韧性	交通安全	35	交通安全设施达标率	交通信号与监测设施覆盖率	100%	基础项
				道路安全设施覆盖率	100%	基础项
				机非分离覆盖率	≥ 90%	基础项
		36	城市道路交通事故万车死亡率	城市道路交通事故万车死亡率	≤ 12 人 / 万车	基础项
	防灾避险	37	城市防灾	人均避难场所面积	≥ 2.05m²/ 人	基础项
				应急避难场所500m 服务半径覆盖率	100%	基础项
		38	人均城市大型公共设施具备应急改造条件的面积	人均城市大型公共设施具备应急改造条件的面积	≥ 0.25m²/ 人	基础项
	卫生安全	39	城市防护绿地实施率	城市防护绿地实施率	≥ 90%	基础项
	生态安全	40	珍稀濒危物种调查与保护	珍稀濒危物种摸底调查完成率	≥ 90%	基础项
				珍稀濒危物种保护率	≥ 90%	引导项
		41	外来入侵物种调查与控制	外来入侵物种现状摸底调查完成率	≥ 90%	基础项
				外来入侵物种控制率	≥ 90%	基础项
		42	生态安全宣传教育普及率	生态安全宣传教育普及率	≥ 90%	基础项

续表

评价类型	中类	序号	评价内容		评价标准	指标分类
			评价指标	评价项		
特色风貌	自然风貌格局	43	自然风貌格局保护修复	自然风貌格局保护修复	重视自然风貌格局与特色保护，重点区域已形成自然风貌格局特色突出的廊道和斑块；部分自然风貌被破坏或特色不突出的区域已开展科学、合理、有效的保护性修复工作	基础项
		44	生态空间保护利用恢复	生态空间保护利用恢复	通过生态修复和绿地建设，实现建成区内生态空间面积连续 3 年增长	基础项
		45	城市风貌和乡愁记忆市民满意率	城市风貌和乡愁记忆市民满意率	≥ 85%	基础项
	市容风貌和整体形象	46	市容风貌评价值	市容风貌评价值	≥ 9 分	基础项
		47	城市整体形象评价值	城市整体形象评价值	≥ 9 分	基础项
	城市风貌特色	48	城市植物景观风貌评价值	城市植物景观风貌评价值	≥ 9 分	基础项
		49	城市设计编制、实施及管理水平评价值	城市设计编制、实施及管理水平评价值	≥ 9 分	基础项
		50	特色风貌片区保护和建设水平评价值	特色风貌片区保护和建设水平评价值	≥ 9 分	基础项
		51	风貌道路（街巷）、风貌河道的保护修复和利用评价值	风貌道路（街巷）、风貌河道的保护修复和利用评价值	≥ 9 分	基础项
	历史文化与自然资源保护利用	52	历史文化遗产保存利用评价值	历史文化遗产保存利用评价值	≥ 9 分	基础项
		53	古树名木及古树后备资源保护率	古树名木保护率	100%	基础项
				古树后备资源保护率	100%	基础项

续表

评价类型	中类	序号	评价内容		评价标准	指标分类
			评价指标	评价项		
绿色发展	产业结构	54	绿色产业贡献度	绿色制造产业增加值占比	≥ 10%	基础项
				第三产业GDP 占比	≥ 45%	引导项
	产业协同	55	“公园 +”实施率	“公园 +”实施率	≥ 30%	基础项
		56	“公园 +”“三新”经济增加值占比	“公园 +”“三新”经济增加值占比	≥ 30%	引导项
	经济发展	57	单位国土面积生态系统生产总值	单位国土面积生态系统生产总值	稳步提高	引导项
	节能减排	58	单位 GDP 碳排放强度	单位 GDP 碳排放强度	逐年降低	引导项
		59	建筑节能	既有建筑绿色改造完成率	≥ 50%	基础项
				建筑单位面积能耗降低值	≥ 75%	基础项
		60	绿色出行	新能源汽车占比	≥ 70%； 且评价值不低于评价实施时国家或地方政策管理的最新要求值	基础项
				市民绿色出行分担率	≥ 70%	基础项
		61	再生水利用率	再生水利用率	≥ 35%	基础项
社会治理	共建	62	城市公园绿地建设社会参与度	城市公园绿地建设社会参与度	≥ 60%	基础项
		63	老旧小区改造居民参与度	老旧小区改造居民参与度	≥ 80%	基础项
		64	城市社区垃圾分类居民参与度	城市社区垃圾分类居民参与度	≥ 80%	基础项
	共治	65	数字化管理平台规范运营考核达标率	数字化管理平台规范运营考核达标率	≥ 80%	基础项

续表

评价类型	中类	序号	评价内容		评价标准	指标分类
			评价指标	评价项		
社会治理	共治	66	城市公共项目社会参与度	城市公共项目社会参与度	≥ 70%	基础项
		67	城市社区居民公共事务参与度	城市社区居民公共事务参与度	≥ 40%	基础项
	共享	68	每 10 万人拥有的文化场馆数量	每 10 万人拥有的文化场馆数量	≥ 0.7 处 /10 万人	基础项
		69	文化和体育设施共享率	文化和体育设施共享率	≥ 90%	引导项
		70	公园免费开放率	公园免费开放率	≥ 95%	基础项
		71	城市安全市民满意率	城市安全市民满意率	≥ 70%	基础项
		72	城市公共空间市民满意率	城市公共空间市民满意率	≥ 80%	基础项

（中国风景园林学会 . 公园城市评价标准 T/CHSLA 50008—2021[S]. 北京：中国建筑工业出版社，2022.）

公园城市是一个复杂的、动态的系统，不同地区、不同发展阶段会有不同的矛盾体现和待解决的关键问题，因此，评价标准体系也是复合的、动态的，针对评价指标应有更系统的研究。

1.5.6 公园城市政策与标准体系研究

1. 公园城市政策体系研究

四川大学罗言云和罗倩娜牵头的团队开展了成都公园城市政策体系研究，在系统整理国内外典型公共政策体系及规章制度的基础上，从法律法规、公共政策、技术标准与规范、规划导则与实践四个方面（图 1–14），剖析了成都公园城市政策体系现状，明确了成都公园城市建设政策体系启蒙和基础深厚、政策体系构建较为完善、框架合理等特点。最后，从政府、设计施工方、成都常住居民多元主体视角出发，立足七大指标评价体系，采用问卷调查及典型案例实地调研的方法，评估公园城市政策体系引导下

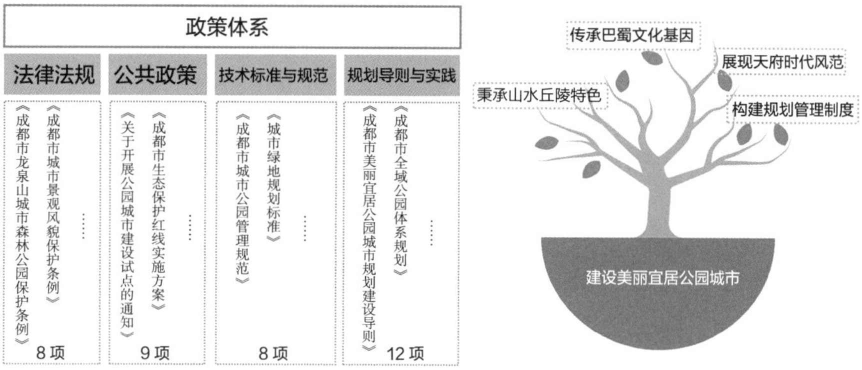

图 1–14　成都公园城市政策体系分析框架

的实施效果，识别了目前在相关政策法规、监管力度、公众参与及反馈机制等方面存在的问题。研究指出，成都市公园城市建设政策体系在政府引导、监督机制、管理模式、公众参与机制等方面仍有提升空间，以实现从政策到规划再到实施的有效传导。

2. 公园城市标准体系研究

中国城市建设研究院王香春团队研究构建了包括国家、行业、省级、市级四个层次，公园城市评价、公园城市规划和公园城市建设三大类别的标准体系矩阵，编写完成了中国风景园林学会团体标准《公园城市评价标准》T/CHSLA 50008—2021、湖北省《公园城市建设指南》DB42/T 1520—2019 等。通过公园城市标准的编制实施，逐步形成系列标准体系，指导公园城市的政策法规制定、数据数字平台建设、规划体系研究和建设模式探索四个方面的相关建设工作。

2021 年 12 月，国家标准化管理委员会正式批复支持天府新区开展公园城市标准化综合试点，构建面向公园城市全生命周期营建的系统工法，带动公园城市规划建设和经营治理理念、原则、框架、方法等上升为各层级的标准规范。2023 年 2 月，《四川天府新区公园城市标准体系（1.0 版）》正式发布，内容涵盖公园城市规划、建设、运营、治理等全周期营城各环节各领域，为公园城市建设提供了“路线图”和“施工图”。这也是全国首个公园城市标准体系。该体系包括“强化规划先行”“打造幸福家园”“促进价值转化”“提升治理效能”4 个子标准体系，涵盖 290 余项各类标准，构建起国家标准价值引领、地方标准共性推广、内控标准特色提升、关联标准整合补充的标准综合体。

第2章

公园城市的发展背景

公园城市是继花园城市、生态城市、绿色城市、园林城市、低碳城市、韧性城市、智慧城市、海绵城市等城市概念后的全新城市发展理念，是基于现代城市发展规律，以新发展理念为指导构筑的城市发展模式和高级形态。

公园城市理念从古代城市发展中汲取了营养，也借鉴了近现代城市发展成功经验。公园城市基于全世界城市发展视角，又植根于中国城市发展特点，体现了中国城市高质量发展的智慧。

2.1 古代城市文明的继承

2.1.1 古代城市的发展历程

在原始社会漫长的岁月中，人类从依附于自然的穴居、巢居等形式的采集经济生活，过渡到具有稳定聚落的原始固定居民点，城市的雏形在不断发展过程中悄然形成。原始的居民点通过成群的房屋组合，居住较密集，为了生存开始有意识地进行村寨布局，一般选址于土地肥沃松软的地段，并且多靠近河湖水面，便于农业灌溉及渔牧业发展，在居民点附近开始具备一定的功能分区（图 2–1），此时聚集区域的布局已暗含最初的城建思想，是我国古代城市建设布局思想的萌芽。

随着生产力的发展，聚集区内居民对生活及生活要素也有新的要求，城市功能的要求相应发生变化。由此发展的城市类型众多，如按政治及行政管理意义，可分为都城、地区性封建统治中心城市、一般府州县城市；按城市性质职能，可分为手工业中心城市、国内商业中心城市、海外贸易中心城市、防卫城堡、集镇等。城市的规划主要体现规划制定者的主观意图，同时，城市的发展与社会的发展阶段基本是相一致的，受限制或依赖于同时期社会经济活动等因素的影响，在社会的发展阶段和不同时期，形成了不同的城市建城形式（表 2–1）。

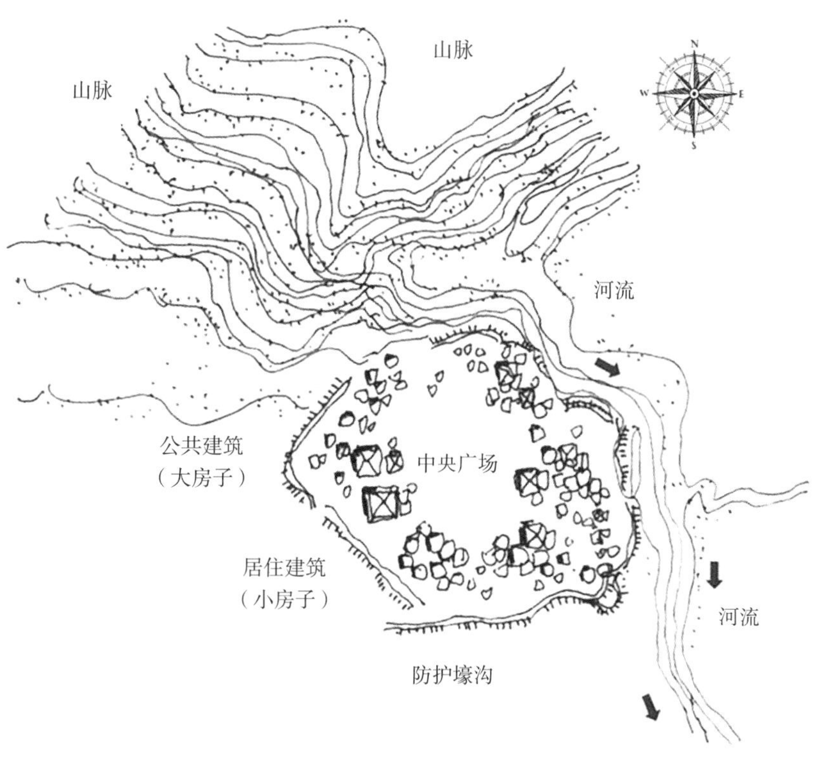

图 2-1　原始居民点村落布局示意图
（此图基于网络图片改绘）

不同时期的城市建城形式　　**表 2-1**

时间	朝代	社会阶段	城市建城形式
公元前 22 世纪以前	夏代以前	原始社会	夯土筑城，出现原始居民点
公元前 21 世纪 ~ 公元前 771 年	殷商及西周时期	奴隶社会	开始出现按一定规划建设的城市，具有简单功能分区
公元前 770 年 ~ 公元前 221 年	春秋战国时期	奴隶制及封建过渡时期	城市建设开始出现城与廓，重视城邦防御
公元前 221 年 ~ 公元 220 年	秦汉时期	封建社会早期	城市实行里坊制，总体布局较为自由
公元 220 年 ~ 公元 907 年	三国至隋唐时期	封建社会中期	布局规则严整，功能分区明确，宫殿位于城北居中

续表

时间	朝代	社会阶段	城市建城形式
公元 961 年 ~ 公元 1367 年	宋元时代	封建社会高度发展时期	开放的城市格局，宗教建筑发达，城市面貌受外来文化影响
公元 1368 年 ~ 公元 1912 年	明清时代	封建社会后期	城的轮廓接近方形，以皇城为中心，道路系统成方格网，具有城市中轴线

中国古代历经奴隶社会到封建社会的发展，封建生产关系始终占统治地位，中国古代城市是封建社会型的城市，虽然由劳动人民建造，但制定规划的指导思想主要反映了统治阶级的意图，其意识形态主要受到中国古代传统文化、自然观、哲学观、社会观的影响。

春秋末年，齐人著《周礼・考工记》，“匠人营国，方九里，旁三门。国中九经九纬，经涂九轨，左祖右社，面朝后市，市朝一夫。”在制定城市建筑等级、典制的同时，提出了都城规划布局的理想模式。

同一时期《管子》，“凡立国都，非于大山之下，必于广川之上。高毋近旱而水用足，下毋近水而沟防省。因天材，就地利，故城郭不必中规矩，道路不必中准绳。”在城市建设方面，提出了顺应自然，利用自然，工程技术的开展应顺应天时的思想理念，体现城市规划与自然环境相协调的思想，强调城市建设应因地制宜，明初都城南京则是这一思想的建城代表。

春秋战国时期的两种城市规划理论相辅相成，共同构成了我国古代城市规划理论的基础，奠定了古代城市规划的基本轮廓。

2.1.2 诸子百家思想对城市建设的影响

春秋战国时代，诸侯争霸，学者们周游列国，在剧烈的社会变革中，学者们对社会变革发表不同主张，“诸子百家”应运而生，各类思想百花齐放。先秦时期特殊的诸侯纷乱历史阶段，孕育了璀璨的百花齐放的诸子百家思想。百家思想包含文化、教育、规划、经济、政治等诸多方面。诸子百家学说，奠定了两千多年封建社会文化的基础。

1. 营城思想的主要特征

（1）受儒家思想的影响

战国以前，诸子百家争鸣，自汉武帝“罢制百家，独尊儒术”提出以后，儒家思想是一长段时间内封建统治的理论准则。儒家思想的“重礼、崇孝、尚文”在建筑色彩、尺度、形制、组合方式等方面均得到体现，在城市布局中严格遵守，如文职机构设在左，武职机构设在右，儒家提倡的“居中不偏，不正不威”，直接影响了城市规划布局的“宫城居中”以及中轴线对称的布局。

（2）体现哲学中的“天人合一”思想

“天人合一”“天人感应”的自然观在城市规划思想中也有体现，如天、地、日、月，春、夏、秋、冬四季，天文星象珍禽异兽等，唐长安十三牌坊里象征十二月加闰月，皇城南面四行坊里象征四季，明北京城南面建天坛，北面建地坛，东面有日坛，西面有月坛。皇帝自命为“天子”，其宫殿设置在至尊无上的地位，其营建思想在隋唐长安城规划建设中得到充分体现。

2. 典型案例

长安。长安是西安的古称，先后有 13 个王朝在此建都，其城市发展在隋唐时期达到顶峰。长安城东西长 9721m，南北宽 8651m，周长约 36km。城墙范围内用地 8300hm^2，加上后建的大明宫共达 8700hm^2。城市人口据宋代的《长安志》记载共有 8 万户，总人口近百万人。

隋唐长安城中，宫城、官府与民居严格分开，使朝廷与民居“不复相参”，在布局上把宫城放在居中偏北的核心位置，皇城东西南三面为居住坊里包围。长安城的规划继承了我国古代都城规划布局的传统手法，采用中轴线对称的布局。正对皇城及宫城大门的南北中轴线为朱雀大街，城南端为明德门，城的东南西三面各开三门，朱雀大街两侧设东市、西市，两边其他道路及坊里的布置也是对称的。通过中轴线对称的布局手法，更加突出了城市主要建筑群——宫城内的宫殿（图 2-2）。唐长安规划对其他都城规划影响很大，日本的平城京、平安京及唐渤海上京龙泉府等都基本照此仿建。

3. 古代营城思想的启示及借鉴

诸子百家思想百花齐放时期不可避免地存在一些历史的局限性，但同时也蕴含了合理之处，对现代城市建设仍然有借鉴意义。在城市规划过程

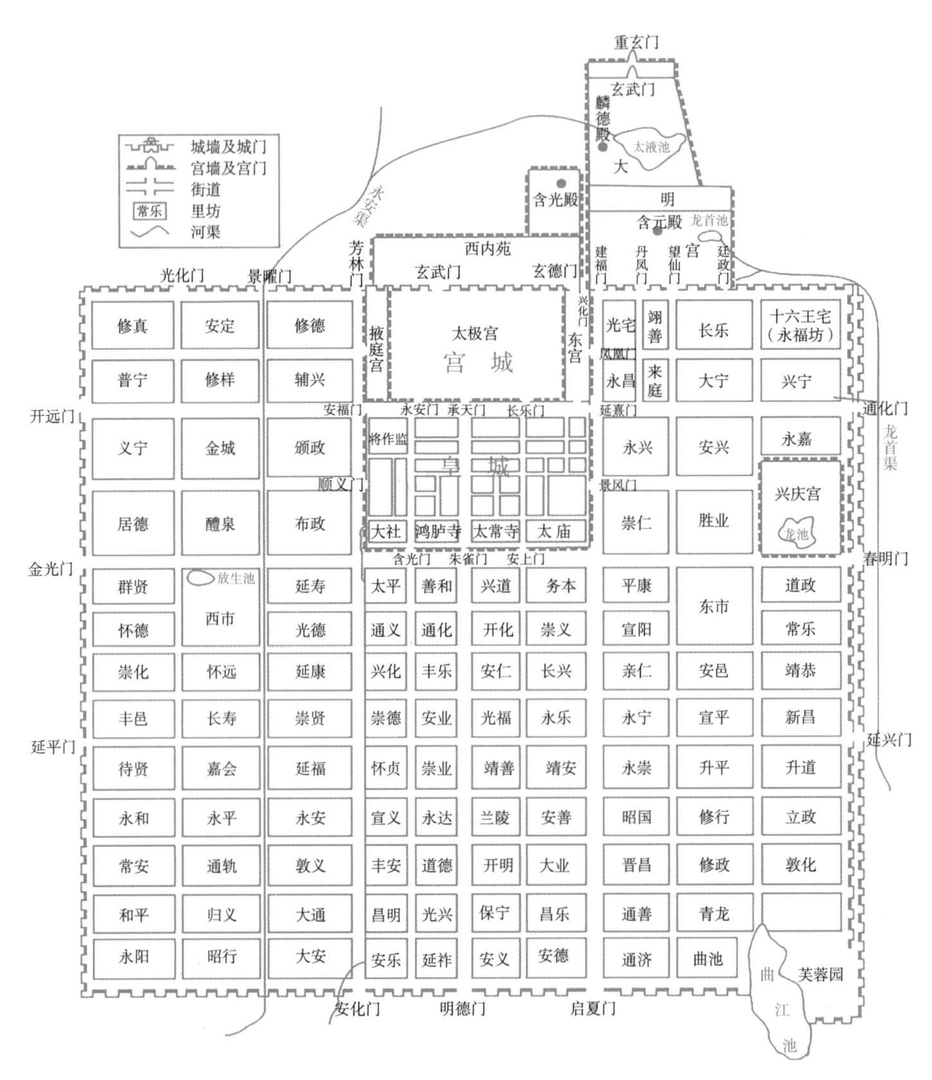

图 2-2　隋唐长安城城市布局图
（此图基于网络图片改绘）

中，应传承这些思想，取其精华，去其糟粕，根据城市不同的特性，提取相应的规划思想要素，创造合理的城市规划设计方案。

（1）人与自然和谐发展

“天人一体”的思想把人看作自然界的有机组成部分，顺应自然、尊重自然，在当前城市土地有限、环境污染待改善的现状下，这种自然观、环境观依旧值得推崇，在城市规划过程中，应缓解人与自然之间的冲突矛盾，注重人与自然和谐发展。

（2）城市空间布局改善

城市布局与中国传统结合，在城市空间塑造“秩序感”的同时，丰富城市的“意义”；建立生态的规划布局观，力求“天人合一”。在规划手法上，充分运用传统的中轴线对称方式，呈现城市的秩序与韵律；将传统的方格网道路与环路、放射路相结合，改善城市的交通状况；坚持城市功能分区与时代要求相适应；在传统、保守的街道公共空间基础上，建立开放、多样的公共空间体系。

2.1.3 “师法自然”思想对城市建设的影响

在中国，从小尺度的造园到大尺度的营城，其核心思想都是追求人工与自然的深度契合。物竞天择，适者生存，“师法自然”，即向自然学习的城市设计核心价值观正逐步回归：守住城市初心，通过学习、参悟自然规律来调整观念，提升技法，从而在理念、方法和技术等方面达到自然而然的境界，并协同探索城市发展新路径，实现人与自然的和谐共生。

1. 营城思想的主要特征

（1）遵循“师法自然”的传统

中国自古以来有崇尚自然、喜爱自然的传统，不论是儒家的“上下与天地同流”，还是道家的“天地与我并生，而万物与我为一”，人们把人和天地万物紧密地联系在一起，视为不可分割的整体，从而形成一种主观力量，使人们去探求自然，亲近自然，开发自然，讴歌自然，形成“师法自然”的思想。

（2）形成山水相依的城市格局

在“师法自然”的原则下，形成以山水为景观骨干的造园风格，并将这种思想与风格应用于建筑群的空间设计及城市格局与自然山水园的有机结合。明清北京城市规划设计，即是把这种思想与风格从庭园绿化扩大到整个城市布局，使规则的宫殿与不规则的花园有机地结合，取得高度的艺术效果，成为我国古代城市布局与城市设计的杰出经典。

2. 典型案例

南京。南京是在自然山水影响下形成的典型城市格局，完全利用山坡的自然地形筑城，顺其自然布局建设，体现因地制宜、适用为本的建设原则。城周计六十六里多，按照河流、湖泊、山丘等地形，从防御要求出发修建，故成不规则形。南京城共有十三个城门，包括朝阳（今中山门）、正阳（今光华门）等，全城将南唐的金陵城、六朝的建康都城及东府城等都包含在内，达到南京城历史上最大的规模。

明南京城区结合自然，井然有序，形成了“四城相套”的布局：最内为言城，宫城外为皇城，皇城外为内城，内城外环以广阔的外城。城市分区则可按功能分为三大区：政治活动区、经济活动区和城防军事区。城墙沿着三大区的周边曲折环绕，围合成极其自然的形态。整个古城的外廓沿着这三大区的用地，并按照山丘、湖泊、河流等地理形势，东北靠近钟山西南麓，北面紧靠玄武湖，把鸡笼山、覆舟山包入城中，西北角直伸至长江边的狮子山，东南包括秦淮河，于是古城平面自然成为西北角伸出但南部凸出的不规则形状。这一屈曲多变、颇不规整的形态和格局一直延续至今（图 2–3）。

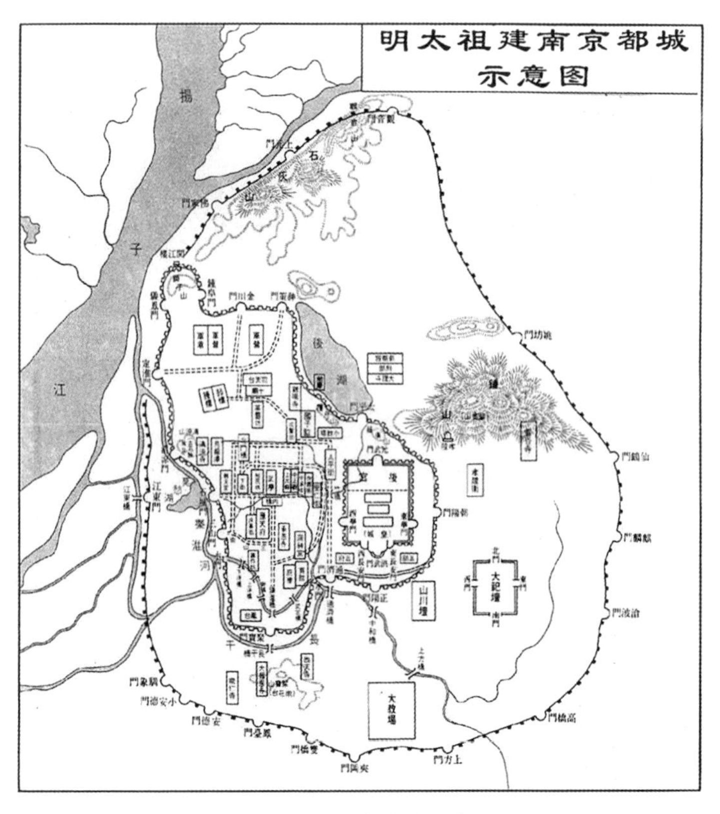

图 2–3　明代南京城城市布局图

（此图基于网络图片改绘）

3. 古代营城思想的启示及借鉴

从人类的本性角度来看，“师法自然”的思想满足了人类对幸福生活的追求，将人类与大自然融为一体。

（1）打造城市自然风光

“师法自然”是中国古代传统哲学的核心思想，也是我们东方整体性思维的重要来源。它显示出人对自然的顺应关系，人类活动符合自然规律，与自然和谐相处。遵循尊重自然、顺应自然、天人合一的理念，公园城市建设应凸显城市风景特色，充分利用特有的山水资源禀赋，让城市融入大自然，把绿水青山保留给城市居民，让人们望得见山、看得见水、记得住乡愁。

（2）立足生态山水价值

“师法自然”思想在古代得到了丰富的发展，在当今社会看来，这是一种人与自然和谐相处的、科学的、理性的世界观，也是一种早期的生态系统思想。在新时代生态文明建设的背景下，公园城市的建设首先要考虑的就是生态价值。维护营造良好的生态基底是实现公园城市理念的基本保障，要充分利用城市所具有的独特山水风貌及生态文化底蕴，推动生态产品价值转化，实现人与自然的和谐共生。突出“山水林田湖草＋人居环境”的整体保护修复和综合治理，优化生态空间格局。

2.1.4 古代文化思想对城市建设的影响

古代文化强调“宅者，人之本”的安居乐业思想，追求“家代昌吉，满门和顺”，而在更高的文化层次上追求“治国平天下”的愿望。基于天人感应，人们往往将功成名就归结为风水等外来因素，形成了中国传统的城市与建筑文化，以注重山水环境对人文影响的文化特征，体现根深蒂固的地灵人杰的思想。

1. 营城思想的主要特征

（1）源远流长的古代文化思想

在数千年的历史进程中，好的风水一直是我国古人追求的理想环境。“风水”一词的正式提出源于晋代郭璞的《葬书》“气乘风则散，界水则止，古人聚之使不散，行之使有止，故谓之风水”。由于风水融汇我国古代的哲学精髓——阴阳五行、易经八卦，又集天文地理、景观生态、伦理心理、建筑美学于一体，因而可称之为一种系统的、综合的古代规划设计理论。

（2）城市选址讲究

经过长期与儒家、释家、道家等思想的融合及其自身的发展，在古代城市、村落、居民点的选址中，逐渐形成一种“枕山、环水、面屏”的固定模式，即城市选址要求山环水抱、背山面水。

2. 典型案例

阆中。阆中位于四川盆地北部，历史上为川北交通枢纽和军事重镇。阆中府城的选址十分重视古代文化以及防卫的要求，城市位于嘉陵江北岸，嘉陵江自西、南、东三面环绕，周围群山四面围合，史称“三面江光抱城郭，四周山势锁烟霞”，素有“阆苑仙境、风水宝地”之称。嘉陵江在西、南、东三面呈“U”形流经阆中府城，城市位于“U”形底部西侧，西临嘉陵江，是典型山环水抱的古城。唐代大画家吴道子三百里嘉陵江山图，称阆中为“嘉陵第一江山”（图 2–4）。

3. 古代营城思想的启示及借鉴

古代文化思想经过了几千年的发展和积淀，其对于城市规划的选址和城市形态布局等方面都有深刻的影响。

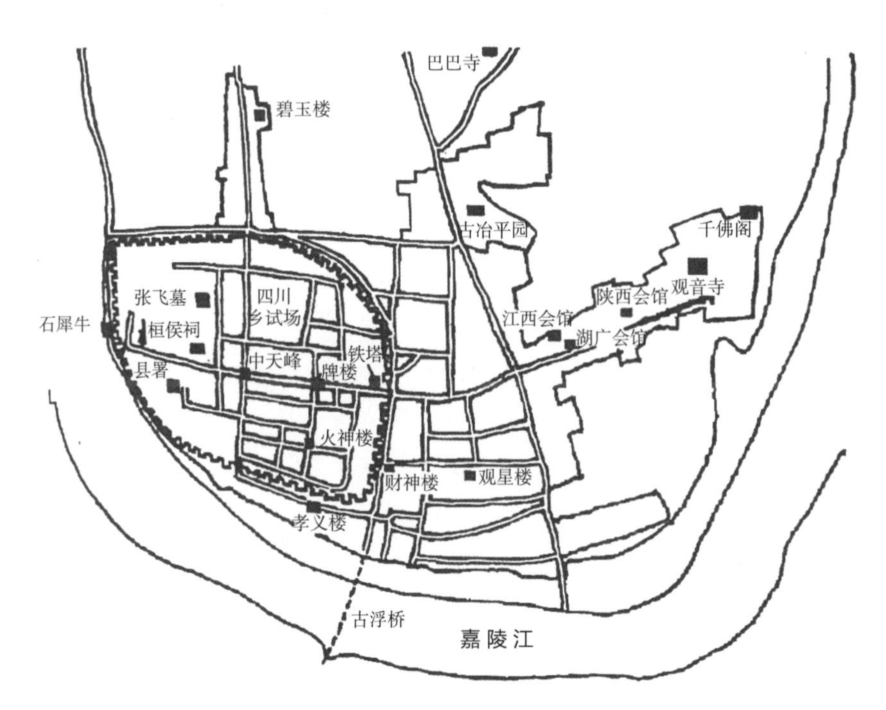

图 2–4　阆中城市布局图

（胡俊. 中国城市：模式与演进 [M]. 北京：中国建筑工业出版社，1995.）

（1）城乡统筹，协调发展

古代文化思想把环境作为一个整体系统，这个系统以人为中心，包括天地万物。环境中的每一个系统都是相互联系、相互制约、相互依存、相互对立、相互转化的要素，宏观地把握各子系统之间的关系，优化结构，寻求最佳组合，并且充分注意到环境的整体性，背山面水的选址让古代不少城市的山、水、城关系处理得较为和谐。

（2）虚实相生，山水相依

在传统古代文化思想理念中，山水不仅仅是城市的“基底”，更是城市构图的重要组成部分，强调形象与背景、物质实体与非物质虚空间，即城市建设与自然环境的相互依存性。二者的有机结合使“山—水—城”格局成为一种虚实相生且有意味的形式，这种形式不仅蕴涵着丰富的营造观念和审美文化，还反映了一种寓于理想图式的人居环境理念。

2.1.5　小结

总结中国传统的哲学观、环境观和非物质的社会文化力量对于城市布局、建筑设计的影响，将有助于我们今天城市规划的哲学思考，有益于人类社会更健康地向前发展。当下，我们应挖掘我国的本土文化思想，在实际规划工作中与地方实际结合，对古代文化加以运用，用现代的技术手法加以体现，通过古代文化思想与现代技术的有力结合，使我国的规划理论走符合中国特色的发展道路。

2.2　工业文明下城市发展的问题

从文明发展的历史变更角度看，人类社会已经经历了三个文明阶段，即原始文明、农业文明和工业文明。这三个文明形态都涉及人与自然关系的调整，发展过程中，人类利用自然的能力和程度在增强，也伴随了对生态环境的破坏。在文明的更迭中，城市由无到有，经历了萌芽、产生、壮大的过程，到了工业革命后期，城市问题也逐步积累和凸显，“城市病”成为困扰城市持续发展的重大问题。

2.2.1 工业文明和城市问题

1. 工业文明及其特征

工业文明以工业化为重要标志，这一阶段，现代科学技术快速发展，生产力极大提高，社会财富极大丰富。民主法制、教育、文化等蓬勃发展，公众社会福利也明显改善，但分配不公等社会问题也日益突出。

自然观方面，工业文明宣扬对自然的征服，极大地增加了对自然的干预和攫取。通过运用科技手段，大量消耗可再生资源和不可再生资源用于工业生产，制造出人类所需要的产品，再经过人的消费把大量的工业和生活废弃物排放到自然环境中，对自然生态系统的原有进程产生重大的影响。生态破坏和环境问题日益严重，人类与自然的张力已拉升至极限。

2. 工业文明背景下的城市

随着科技进步和工业化水平提高，城市建设不断加速，城市空间迅速扩张，城市规模迅速扩大，超大城市也越来越多。可以说，工业文明带给了城市生机和繁荣。为此，工业文明也常理解为城市文明。

工业文明时代的城市功能更为综合，具有居住、工业、商业、文化等多重功能。随着城市功能的变化，以及交通方式的变革，城市形态也发生了巨大变化，城市面积迅速扩张。随着城市的扩张，许多城市的人口已超出承载极限，城市与自然的矛盾日渐突出，城市资源消耗过度，发展瓶颈逐步显现。

同时，工业文明背景下的城市往往强调城市的经济功能和集聚功能，“先发展、后污染”的模式致使城市在不断发展和膨胀中面临着越来越严重的人口膨胀、交通拥堵、环境污染、资源短缺和贫富差距等各种“城市病”的挑战。

自20世纪六七十年代始，越来越多的有识之士意识到，工业文明在取得了炫目成就的同时，已暴露出严重危机。蕴含生态学的复杂性科学成果和全球性生态破坏、气候变化的事实都表明，工业文明不可持续，人类文明亟待转型，人类必须走向生态文明，抑或后工业文明，才能谋求真正的可持续发展。

2.2.2 “城市病”的表现和治理对策

“城市病”是城市化进程中因城市的盲目扩张、违背自然规律搞建设而表现出来的与城市发展不协调的失衡和无序现象，它造成了资源的巨大浪费、居民生活质量下降和经济发展成本上升，进而导致城市竞争力丧失，阻碍城市可持续发展。

1.“城市病”问题的产生

“城市病”一词最早源于英国工业革命时期，是工业化带动城市化的迅速发展而产生的一系列社会问题。“城市病”伴随着城镇化的发展而出现，其根源就在于城市化进程中人与自然、人与人、精神与物质之间的各种关系失去协调，是城市资源的承载能力与发展规划之间的矛盾。

2.“城市病”的表现和深层原因

“城市病”的表现多种多样，包括人口膨胀、交通拥堵、环境破坏、生活条件恶化等。城市病的主要特征有：

（1）人口过度膨胀

在城市发展过程中，人口的迅速集聚是城市发展的重要动力之一。然而，人口过度集聚和增加，却造成城市资源紧张，超过本身承载能力。再加上城市管理不到位，满足不了人口迅速增长的需求，导致基础设施建设长期滞后，就会引发一系列的矛盾，不但会影响人们的生活质量，也会影响整个城市的可持续发展能力。

（2）交通拥堵

交通拥堵是世界各大城市普遍面临的一个重大问题。城市化的迅速发展以及城市人口的过度膨胀，使得城市交通问题日益突出。交通拥堵不但会引起社会经济各项功能的衰退，而且还容易引起城市生存环境的恶化，严重阻碍城市的发展。交通拥堵增加了居民出行的时间和成本，影响城市的生活效率，使得整个城市的活力大幅度下降，居民的生活质量也得不到有效的保障。

（3）环境恶化

环境恶化几乎成为大城市、特大城市无法回避的难题。在城市生态系统中，大规模、快速化的生产，将自然资源变为商品，经过人类的消费，产生许多不可转换的废弃物，难以短时间内消除，从而产生大量的污染。城市的空气、水、土壤状况逐步变差。另外，城市工业废水和居民生活产生大量垃圾，垃圾处理水平偏低等问题都加重了环境污染。

（4）城市贫困

城市贫困是伴随着城镇化而产生的，是“城市病”发展到一定阶段的结果。随着城市经济增长和财富增加，受分配机制影响，常常加剧收入分化，对城市社会稳定产生影响。

根据2021年5月的人口普查数据，我国城镇化率已达63.89%。随着城镇化快速推进，城市病问题也日益突出。2015年12月，中央城市工作会议全面分析了我国城市发展中的问题，概括为以下方面：

①指导思想重外延、轻内涵，城市发展比较粗放。

②规划的前瞻性、严肃性、强制性和公开性不够。

③城市光鲜靓丽的外表与民生改善形成较大反差。

④交通拥堵、环境污染等城市病集中暴发。

⑤基础设施脆弱，很多城市甚至没有地下管网的数据。

⑥发展失衡，一边是高楼林立，一边是棚户区。

⑦建筑追求“大、洋、怪”，城市成为奇思妙想的试验场。

⑧自然灾害、人为事故较多，城市安全隐患大。

⑨农民工融入城市困难，由此带来社会问题。

⑩城管不依法办事，选择性执法，城市管理问题突出。

城市病的解决需要从根本上转变对城市功能和价值的认识，基于人与自然和谐共处的生态观念，重建城市生态，协调生产、生活与生态的关系，人与人的关系，当代与后代的关系，建立与之相适应的城市形态、结构和发展路径等。

3.“城市病”的治理对策

工业文明的思维模式下的城市架构，大部分是基于人类中心主义的规划和设计，以解决城市生态问题或交通拥堵等“城市病”为指向，以城市发展理念、技术手段或政府政策方面的调控为基础，从而建立起系列的城市发展模式。比如，在原有的城市基础之上，植入森林、田园、花园等元素组建花园城市、森林城市等；或是从城市的管理方面入手，基于城市综合管理理念，建设安全城市、韧性城市、智慧城市等；也有从城市的经济发展模式出发，基于调整产业类型而建立休闲城市、智慧城市等。

尽管如此，以上的众多城市发展模式探索和实践，为“城市病”的解决积累了丰富的经验，为城市的健康发展提供了借鉴。

2.3 国外城市建设的探索

面对城市发展的困境和日益严重的“城市病”，西方在近现代先后出现花园城市、生态城市、健康城市、低碳城市、景观都市主义等城市发展构想和理论，并进行了积极实践。本节对这些城市发展理论和实践进行梳理和介绍，探讨它们的历史意义和当代借鉴，以及对公园城市理论的借鉴意义。

2.3.1 花园城市

1. 花园城市构想的提出及其特点

近现代西方随着经济高速发展，城市中的人口和用地急剧扩张，新的空间要素不断涌现，城市蔓延远超人们的预期，城市形态呈现出犬牙交错的“花边”形态和明显的“拼贴”特征，城市环境的异质性增强，特色日渐消失，品质日益下降。在此背景下，针对人口向城市过分集中，并由此引发的社会、环境问题，霍华德受到乌托邦小说《向后看》和亨利·乔治的著作《进步与贫困》的启发，于 1898 年出版了《明日：一条通向真正改革的和平道路》，提出了花园城市思想的基本框架，这一框架被认为是现代城市规划第一个比较完整的思想体系。霍华德于 1902 年将《明日：一条通向真正改革的和平道路》改名为《明日的田园城市》，并沿用至今。

霍华德在《明日的田园城市》中针对英国大城市所面临的环境和社会问题，提出了用土地社区所有制取代土地私有制，通过建立城乡一体化的

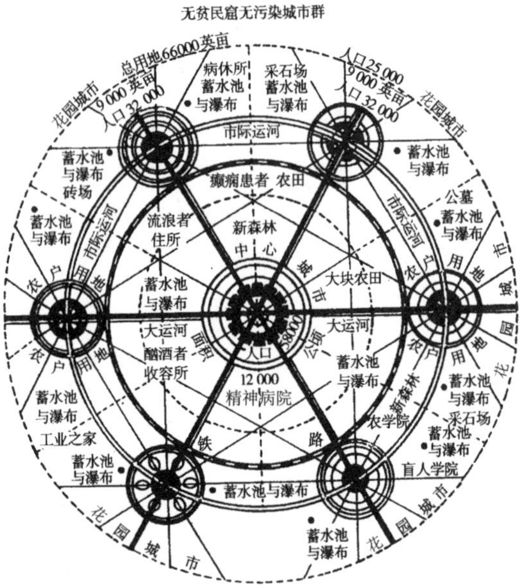

花园城市，消灭规模巨大的大都市发展模式的城市建设新的理论方法。该理论反映了霍华德构建城乡一体化新型城市的愿景，其理论核心可总结为以下几点：在区域乃至国家范围内进行人口的合理布局；通过结构性的重组，有目的、有计划地建设城乡一体的新型城市；塑造城市美好环境；有控制、多样化地发展城市（图 2–5）。

图 2–5　霍华德花园城市设想
（吴良镛 . 人居环境科学导论 [M]. 北京：中国建筑工业出版社，2001.）

2. 各国花园城市建设实践

花园城市理论诞生于英国，在欧美等国家迅速传播并实践。除英国外，德国、法国、比利时和美国也相继组建了花园城市协会。基于花园城市理论的建设项目遍及北欧、北美、澳大利亚、德国、日本等地区和国家，英国莱奇沃思（第一个花园城市）、堪培拉规划（国际花园城市）和东京田园调布站等都是典型实践。

（1）英国莱奇沃思

1903 年，英国的花园城市有限公司（Garden City Ltd.）发行股票集资，并在距伦敦约 60km 的北哈德福郡购置了约 3000 英亩的土地，开始兴建莱奇沃思（Letchworth）——第一座实践性的“花园城市”。

莱奇沃思距伦敦约 60km，交通十分便利，场地内有大北铁路（连接伦敦和剑桥）和高速公路（连接贝尔多克和海琴）经过，地形相对平缓，东南高、西北低。建筑师、城市规划专家雷蒙德 · 昂温（Raymond Unwin）和建筑师巴里 · 帕克（Barry Parker）是霍华德花园城市理论的追随者，并在规划中灵活应用、一以贯之，两人顺应地势进行规划，将城市塑造为自然的“有机统一体”，其规划方案“体现了花园城市城乡结合、和谐、平衡、自足的规划理念”。

完成规划方案之后，霍华德解释了如何运行这样的城市。他提议创立一个独立的组织将所有土地（6000 英亩）托管给抵押贷款持有人和居民。

城市经营企业的所有租金和利润都将重新投资用于公共利益。因此，土地在人们的使用下，通过基础设施改善和其他公共建设将价值利润返还给居民。而这个价值与基础设施由组织来统一界定与维护。这种独特的社区所有权，自给自足和自愿合作制度反映了当时的乌托邦思想。

该社区的经营模式和花园城市的建设在当时产生了巨大的影响，激发了许多后续行动和模仿者，其中包括后来的韦林花园城（Wellyn Garden City）和汉普斯特德花园郊区（Hampstead Garden Suburb）。更广泛地说，以莱奇沃思为先例的花园城市运动，影响了英国新市镇所有的社区规划，尤其是战后政府规划的社区，被认为是现代城市（和郊区）规划的基石。

（2）堪培拉规划

澳大利亚首都堪培拉被称为现代城市设计的典范之一。其规划方案由沃尔特·伯利·格里芬和马里昂·马洪·格里芬于 1912 年在堪培拉国际竞赛上提出，并一举获得头奖。他们所规划的是早期堪培拉市，规划范围为首都特区东北部莫朗洛河周围的平原地区和部分山区，人口规模为 75000 人。

该规划依托花园城市理念，在城市内部规划各不相同的组团，并将工业区和居住区隔离开，以限制城市扩张。

（3）东京田园调布站

田园调布位于东京大田区的最西端，面积约 2.05km^2。田园调布以车站为中心，借鉴花园城市理论，提出“开发理想住宅地‘田园都市’”的口号，现已成为知名的高级住宅区，是日本最早对花园城市的探索。

3. 花园城市理论的发展历程与历史意义

（1）花园城市理论的发展、挑战与转变

花园城市理论的提出在西方产生了很大影响，此后美国、加拿大、澳洲、阿根廷、德国建立了一批花园城市。第二次世界大战之后，英国的新城镇法案拉开了大量建设花园城市的序幕。最早的花园城市的规划实践位于伦敦附近的莱奇沃思（始建于 1903 年）和韦林（始建于 1919 年），其规划者是雷蒙德·昂温和巴里·帕克。由于韦林比莱奇沃思更靠近伦敦，因此它迅速发展，吸引了大量的工业投资者和新居民，同时，也吸引了大量来自于伦敦的市民定居。

与此同时，随着 1944 年《大伦敦计划》的颁布，规划的主要问题转变成了如何有效应对超大城市的无边界蔓延。人们发现，韦林这一城镇的建设缓解了伦敦超大型都市的交通拥堵压力，限制了扩张的范围和速度。因此，规划领域开始引入“卫星城”这一概念。“卫星城”是靠近大城市的中型城市，旨在帮助城市以有效的方式扩展。这些城市的城市发展计划中包含了学校、医院、购物中心等众多便利设施。卫星城通常因为地理屏障与大都市隔开。卫星城市的主要目的是在资源和人口之间取得平衡。在随后的 30 年间，不仅在英国，在其他国家卫星城也得到了大量的建设，至此，卫星城成为花园城市实践的重要体现。

加拿大的密西沙加城是较为著名的卫星城。该城为多伦多地区的卫星城之一。它位于皮尔地区自治市的安大略湖岸，东与多伦多接壤。在 20 世纪 70 年代末期，由于多伦多日益蔓延的城市边际、上涨的房价和拥堵的交通问题，越来越多的多伦多市民选择搬至密西沙加生活，购房更经济实惠的同时，通勤压力也不会太大。除密西沙加市以外，靠近多伦多地区的其他市也相继成为卫星城。

但进入 20 世纪 80 年代末期，越来越多的城市逐渐放弃卫星城的概念而创建新的城市概念（即“新城市主义”）。其主要原因是，由于较为远距离的通勤条件，许多卫星城过多依赖汽车，从而导致出现严重的环境问题，同时经济效率低下，缺乏社区环境。这种背景下，卫星城逐渐转向具有可持续特点的新城市主义理念的城市实践。20 世纪 90 年代末期，新城市主义协会成立，并颁布了《新城市主义宪章》，该宪章打破了以汽车为中心的城市规划，希望能够创立以公共交通为中心的城市形态，并设想了一个以铁路车站为中心，沿周围向外发展出商业区与住宅区的城市模型。为了解决过度依赖小汽车的问题，城市构造以铁路或公共汽车等大众运输为基础。1993 年后，在美国的波特兰市等地，实施了包含“以铁路车站为中心泊车转乘”在内的许多计划。

进入 21 世纪后，花园城市的概念逐渐融合进生态城市的概念中。2007 年，英国城乡规划协会为纪念该理念提出 108 周年，呼吁将花园城市和花园郊区原则应用于英国目前的新城区和生态城镇，将其与生态本底结合，探寻“新花园城市”的规划模式。

（2）花园城市理论的历史意义与贡献

霍华德被称为西方近代规划史上的“第一人”，美国著名的城市史学家芒福德曾对其花园城市理论如此评价，“20 世纪我们见到了人类社会的两大成就：一是人类得以离开地面展翅翱翔于天空；二是当人们返回地面以后得以居住在最为美好的地方——花园城市”。

当我们今天重新解析霍华德的花园城市理论时，仍能发现它光芒不减的人本核心。霍华德的花园城市触及了城市发展的多个问题，不仅涉及物质建设的增长，还包括社区内部各种城市功能的相互关系和城乡结合的模式，一方面使城市生活充满活力，另一方面使乡村生活在智力和社会方面得到改善。概括来说，花园城市理论的历史贡献可总结为以下几个方面：

①规划立足于提升人民的生活品质，维护人民的利益，一改传统规划为统治者或规划师个人服务的旧模式。

②跳出就城市论城市的狭隘方法论，从城乡结合的角度思考解决城市问题的良策。

③开创性地提出了一种全新的模式、一套完整的规划思想与实践体系。

④关注社会问题，首开城市规划中社会规划的先河，将物质空间与社会改良紧密结合。

⑤对现代城市规划思想及其实践发展起了重要的启蒙作用，对后来出现的一些城市规划理论，诸如“有机疏散”理论、卫星城镇理论、新城市主义等颇有影响，也启迪了盖迪斯、芒福德等人的研究。

2.3.2 生态城市

1. 生态城市理论提出及其特点

20 世纪 70 年代，日益加快的城市化进程对自然环境造成了严重的破坏，并引起一系列的变化，如城市热岛效应、大气污染、臭氧层空洞、酸雨等，与此同时，城市扩张和人口膨胀所引发的粮食不足、能源短缺、资源枯竭等问题也日益凸显。在此背景下，生态城市理论应运而生。1971 年，联合国教科文组织（UNESCO）发起了《人与生物圈计划（MAB）》，提出要从生态学的角度来研究城市问题和城市生态系统，并提出“生态城市”这一重要概念，在世界范围内推动了生态城市、生态社区、生态村落的规划建设与研究。1971 年，联合国在《人与生物圈计划（MAB）》第 57 集报告中明确指出“生态城市”理论的重要含义，即生态城市规划要从自然生态和社会心理两方面，去创造一种能充分融合技术和自然的人类活动的最优环境，诱发人的创造性和生产力，提供高水平的物质和生活方式。

1984 年，MAB 报告中提出了生态城规划的 5 项原则：生态保护战略

（包括自然保护，动、植物区系及资源保护和污染防治）；生态基础设施（自然景观和腹地对城市的持久支持能力）；居民的生活标准；文化历史的保护；将自然融入城市。3 年后，苏联生态学家亚尼科斯基（O.Yanitsky）提出生态城的理想模型，是一个“经济—社会—生态”高度和谐、技术与自然融合、人的生产力和创造力得以最大限度发挥的人工复合系统。

城市作为人们改造自然最彻底的一种人居环境，是人类在不同历史阶段改造自然的价值观和意志的真实体现。生态城市反映了人类谋求自然发展的意愿，体现了人类对人与自然关系的更加丰富的规律性认识，融合了社会、文化、历史、经济等因素，体现了一种广义的生态观。学者对生态城市进行了深入研究，不断完善相关的定义、理论，但是，迄今为止，学术圈对生态城市仍没有一个清晰且公认的概念定义。其特点可归为以下几个方面：

①和谐性。城市生态结构合理，生态系统健康且和谐。

②持续性。自然、经济、社会三个子系统持续发展，其中以自然持续发展为基础。

③高效性。以提高效率来减少对自然资源的消耗，促进非物质财富的增长。

④系统性。生态城市是一个社会—自然复合生态系统，统筹协调各子系统的发展。

⑤区域性。生态城市是依托于区域的城乡综合体，孤立的城市无法生态化。

⑥多样性。包括生物多样性、文化多样性、功能多样性和景观多样性等。

2. 生态城市理论在各国的实践

生态学思想在城市规划领域的应用，始于 20 世纪 70 年代中期，特别是在 1971 年生态城市的概念提出后，美国、巴西、澳大利亚、新加坡、新西兰和日本等国家进行了大量生态城市建设的实践，为其他国家的生态城市建设起到了示范的作用。

（1）巴西库里蒂巴生态城

库里蒂巴位于巴西南部，其垃圾循环回收项目、能源保护项目和众多以公共汽车文化为核心的各类社会项目，都使其成为生态城市实践项目中的翘楚（图 2–6）。其建设经验可以归纳为以下几个方面：

图 2-6　巴西库里蒂巴生态城

①公交导向式的城市开发规划。

②关注社会公益项目，实现社会可持续发展。

③垃圾循环回收项目。

④对市民进行环境教育。

（2）美国加州伯克利生态城

伯克利位于美国西海岸加利福尼亚州中部偏北，属阿拉米达郡管辖范围，东部依阿巴拉契亚山而建，西部濒临太平洋的旧金山湾，具有平原、山脉以及海滨区三大区位资源。工业革命后的伯克利，生态环境被严重破坏，约有 1/3 的海湾被填埋，90% 的湿地被住宅、高速公路、垃圾填埋场挤占，原有溪流或被完全填埋至地下或沦为排水沟。

面对城市出现的诸多弊病，美国生态学家理查德·雷吉斯特发起了“生态城市”改造运动。1980 年，理查德及其创办的城市生态学研究会在伯克利西部进行生态建筑的改造，并获得了成功。该项目通过屋顶太阳能板进行能源供给，利用生物堆肥培植蔬菜，争取做到“自己动手，丰衣足食”。但后续工作——“整合邻里”，却遭到了城市低收入者的阻挠，很显然，相较于高成本的生态改造，低收入者更倾向于修建一个普通的二层住宅。随后，生态学家们扎根街区，深入了解城市、街区、居民，并成功打造世界知名的慢行街——米尔芬大街，街道跨越六个街区，纵贯南北，这里环境清洁宁静、交通安全便捷。

（3）澳大利亚哈利法克斯生态城

哈利法克斯位于澳大利亚阿德莱德市内城哈利法克斯街的原工业区，

原本是沥青工厂，自 1993 年起闲置，占地 2.4hm^2，有 350~400 户居民，是澳大利亚第一个生态城市。其规划设计由建筑师保罗·F·道顿（Paul. F.Downton）及生态活动家查利·霍伊尔（Cherie Hoyle）等人完成，不仅涉及社区和建筑的物质环境规划，还涉及社会与经济结构。该项目于 1994 年获得了“国际生态城市奖”，于 1996 年在联合国“城市论坛”中作为最佳实践范例进行展示。

（4）德国弗莱堡市生态城

弗莱堡市是德国巴登－符腾堡州的直辖市，地处德国黑森林南部最西端，日照资源丰富，全市人口约 20 万，是世界公认的四个“生态城市”之一，被称为“绿色之都”。 其生态规划策略可以归纳为以下几个方面：政策保障；能源创新；绿色交通；公众参与（图 2–7）。

图 2–7　德国弗莱堡市生态城

3. 生态城市理论的发展历程和历史意义

（1）生态城市理论的发展、挑战与转变

自 1971 年联合国在《人与生物圈计划（MAB）》中提出生态城市规划的含义后，生态城市的理论实践与探索在之后得到了迅速的发展。

1987 年，苏联生态学家亚尼科斯基提出生态城的理想模型。同年，雷吉斯特在论著中提出了生态城市的创建原理。1990 年，国际城市规划学会在美国加利福尼亚州伯克利城召开了“第一届国际生态城市会议”。1996 年，雷吉斯特领导的“城市生态”组织提出了更加完整地建立生态城市的十项原则。2005 年，欧盟提出生态城市计划，组织开展生态城市项目研究工作，之后逐渐向可持续发展城市概念过渡。2010 年，随着互联网技术的兴起和各类科学技术的进步，生态城市逐渐在原有的基础上向智慧生态城市过渡，形成数据可监测、可更新、可持续的新模式。

生态城市在建设过程中仍有许多挑战与阻碍。究其原因，可分为以下几点：

①现行的激励体系只考虑到金钱和税收，未能从根本上提升民众的生态素养，环境教育囿于学校内部，未能普及至全体民众，加之现有污染物

未威胁到民众自身的健康，致使其生态意识仍然十分淡薄。

②发达国家不重视生态问题，政府投入不足，民众未能达成生态优先的共识。《联合国气候变化框架公约》自 1992 年生效，气候治理已经进行了 30 余年。但在具体的实践过程中，由于碳补偿项目的存在，一些发达国家更热衷于绞尽脑汁争取补偿额度，而非通过技术创新节能减排，即使是目前有限的治理行动，也未能得到完全的执行。

③贫穷国家力不从心，在相互冲突的目标和不平均的资源分配平衡之前，生态举措微乎其微。贫穷国家的很多地区仍处于经济起步阶段，既缺乏先进的减排技术，也无法以牺牲经济为代价实现节能减排。

因此，构建一个以可持续发展为目标、致力于减缓人类社会影响的全球对话机制，成为当今“生态城市”这一理论的转变重点。

（2）生态城市理论的历史意义与贡献

生态学的基本原则一直被看成经济持续发展的理论基础，因此，基于生态学原则的生态城市理论因其本身具有极强的综合性，自诞生之始就得到了广泛重视，被认为是“能够实现持续发展的未来城市范式”。1992 年联合国环境与发展大会之后，城市生态与城市环境成为人们关注的重点，生态城市进一步得到世界各国的普遍关注和接受。

生态城市体现了人类对人与自然关系更丰富的规律认知，从生态学角度提出了解决城市痼疾的良方。作为生态城市理论的重要发展者，瑞杰斯特将其看作“使人类的发展走向可持续和健康未来的唯一之路”。第二届国际生态城市会议的组织者——澳大利亚建筑师保罗・F・道顿则将生态城市的贡献提升到决定人类命运的高度，他认为生态城市的目标是在人与自然系统、人类社会内部之间实现生态上的平衡，这对“患有晚期重病”的城市来说是“彻底治愈”的良药。

2.3.3 健康城市

1. 健康城市理论的提出及其特点

健康城市的概念最早可追溯至 19 世纪，当时的英国已经用大机器生产取代工场手工业，城市空前繁荣，与此同时，城市健康问题大量出现。人口密度过高、疾病大规模蔓延、住房紧张、水资源污染、交通拥挤、暴力与犯罪等“城市病”逐渐凸显，噪声、卫生、废气、贫困等诸多经济、社会、环境问题不断涌现。这些问题严重困扰并危害城市居民的身心健康。

在此背景下，1842 年，英国在都市健康会上发表查德威克（Chadwick）报告，阐述了贫民窟居民的生活状况，并建议成立英国城市健康协会来负责解决都市健康问题。此后，不断有专家学者和国际组织围绕城市健康问题阐述研究成果和思想观点。1942 年，伊利尔·沙里宁在《城市：它的发展、衰败与未来》一书中提出“有机疏散理论”，指出城市作为有机体，应当健康发展。梅考斯基（Mekeown）（1976）教授在其著作中指出影响 19~20 世纪英国和其他发达国家健康进步的重要因素，这是公认的、最早提出的健康城市论断。1977 年，世界卫生组织（WHO）在第十三届世界卫生大会上，基于对健康、健康决定因素的认识，提出了人人健康（HFA）的概念和六大原则。1978 年，围绕人人健康，WHO 在苏联的阿拉木图举办了国际初级卫生保健大会，会上通过了《阿拉木图宣言》。

随着经济的发展，人们逐渐意识到城市健康的重要性。如何改善全球城市环境状况，已成为 21 世纪人类健康面临的重大挑战之一。

在此背景下，WHO 在 1984 年多伦多召开的“健康多伦多 2000”大会上，首次提出了“健康城市”（Healthy City）的概念，提出在公众、健康和自愿参与的部门、机构、组织之间广泛合作，重点解决城市卫生及与健康相关的问题。

WHO 在 1994 年提出健康城市的具体定义，即“一个健康的城市应该是由健康的人群、健康的环境和健康的社会有机结合而成的一个整体，应该能不断改善环境、扩大社区资源，使城市居民得以互相支持，发挥最大的潜能”。健康城市的基本特征可以概括为以下几点：

①健康、安全、高质量的自然环境。

②稳定且可持续的生态环境。

③社区之间相互支撑，无内耗。

④民众对影响其日常生活、健康和福利的政策拥有参与度和决策权。

⑤能满足全体城市居民食品、饮水、居住、收入、安全和就业等所有基本需求。

⑥民众拥有多样的机会和丰富的资源，相互之间交流密切。

⑦城市经济呈现多样化发展，极具创新精神。

⑧鼓励传承传统文脉，群体和个人之间可以相互交流。

⑨任何一种实现上述目的、呈现上述特征的发展模式。

⑩民众全部都能享受高质量的保健和医疗服务。

⑪ 高度健康的状态（健康比率高，疾病发生率低）。

而健康城市的建设始终遵循着一系列的原则，它们由《21 世纪健康》和地方化的《21 世纪议程》发展而来，具体包括：

①平等原则：每个人都有认识自身全部潜能的权利和可能。

②可持续原则：这是健康城市建设的核心原则，人民的健康与福利是可持续发展战略成功与否的重要指标。

③跨部门协作：可以减少重复与冲突，在资源有限的情况下，实现最大的健康效益。

④社区参与：拥有第一手资料的、活跃而积极参与的社区，是决定问题解决的次序、制订和修订决策所不可或缺的合作伙伴。

⑤国际性的行动和团结：健康城市工程以协作和团结为基础，除多部门之间的协作外，还包括城市之间、国家之间的协作，如 WHO 健康城市工程网络等。

2. 健康城市理论在各国的实践

健康城市的实践活动很多，WHO 在欧洲成功指导建立了 30 个城市的网络，即著名的健康城市项目。马来西亚、澳大利亚、加拿大等国也都在积极地实践探索，围绕城市开展健康运动，政府通过政策促进健康生活，通过完善基础设施，满足民众的健康需求。新加坡在健康城市方面的实践颇多，其中，诺维娜健康城较为成功。此外，关于医院与社区的融合、适老化的健康社区，新加坡也有很多实践探索。

（1）马来西亚：古晋健康城市项目

1994 年，马来西亚古晋城市接受 WHO 的邀请加入健康城市计划，目的在于提升和改善当地居民的生活品质。随后成立古晋健康城市委员会，并在 1994 年 11 月 29 日至 12 月 3 日举行了第一届健康城市研讨会，与会者主要为政府官员及专家学者。该研讨会主要讨论内容为：如何就古晋现有的设施、问题来规划健康城市，确定出三大方向（经济、社会、自然）是古晋急需改变的部分。同时，此次研讨会将古晋健康城市正式定义为“提高居民生活品质的城市”（图 2–8）。

1994~2018 年期间，古晋健康城市委员会主要从建立健康社区、健康学校、健康街道、健康购物中心、健康市场五大方面出发，对健康城市的整体发展进行规划布局。

图 2-8　马来西亚古晋健康城市

图 2-9　韩国原州健康城市
（米苏.走近韩国原州[J].走向世界，2014，(04)：122-123.）

（2）韩国：原州健康城市项目

原州健康城市项目于 2004 年启动，并成立了健康城市团队和健康城市咨询委员会。原州于同年加入，成为创始成员。2005 年，原州市发表了“健康城市原州宣言”，并做出市政承诺：通过打造健康城市，使每个公民过上健康的、积极的生活。在此期间，原州市的健康城市实践获得了 WHO 的认可，先后被授予 8 个奖项（图 2-9）。

在此基础上，原州市积极开展以下具体的项目，如在每个社区单元设立健体和医药中心，建设生态型河滨公园，创立文化商业街区，建立应对气候变化的研究中心，完善交通系统以创建步行友好型城市。

（3）美国：印第安纳健康城市计划

美国印第安纳州于 1988 年在 6 个城市实施健康城市计划，旨在提升居民的健康意识，建成交通完善、环境清洁、教育完备、生活无忧的健康城市。其建设方法可归纳为以下几个方面：制定法律法规；成立健康城市委员会；加大宣传力度；评估行动（图 2-10）。

（4）新加坡：诺维娜健康城

诺维娜健康城地处新加坡中部，紧邻诺维娜地铁站。项目在 2013 年由新加坡卫生部、陈笃生医院和新加坡国立健保集团联合启动，计划于 2030 年完工，总建成面积约为 60 万 m^2，预计每日接纳人流量约 3 万人次。诺维娜健康城以陈笃生医院和伊丽莎白诺维娜医院为核心医疗资源，并在此基

图 2-10　美国印第安纳健康城市
（印第安纳波利斯市中央滨河区——印第安纳州印第安纳波利斯市 [J]. 世界建筑导报，2003，（Z2）：18-25.）

图 2-11　Quayside 社区效果图
（孙诗宁，彭禹州 . 城市设计实践中的技术与人本 [J]. 时代建筑，2022，65（4）：5.）

础上进行开发。健康城由 13 座建筑物构成，集医疗、商业、酒店、教育、社区等于一体，功能多元。

（5）加拿大：多伦多 Quayside“健康综合体”社区服务模式

Quayside 社区位于加拿大多伦多滨水区，是由 Alphabet 公司的子公司 Sidewalk Labs 负责的“Sidewalk Toronto”智慧城市项目。该项目围绕“以人为本的完整社区”这一概念，充分利用高科技手段，提升居民健康水平与社区福祉，为居民、工作者和访客提供高质量、高品质的生活（图 2-11）。

3. 健康城市理论的发展历程和历史意义

（1）健康城市理论的发展、挑战与转变

自 1984 年，WHO 在加拿大多伦多市召开“健康多伦多 2000”，并首次提出“健康城市”（Healthy City）的概念后，1985~1986 年，世界卫生组织欧洲办事处发起了“健康城市项目”（Healthy City Project，HCP），项目重点为健康促进。之后的三十年，健康城市项目在各国发展迅速。

1995 年，在马德里召开“我们的城市，我们的未来：健康与生态城市国际会议”，明确提出，全球的健康与生态问题是可持续发展的两个基本问题。

1998 年，在雅典召开“健康城市国际会议”，标志着健康城市活动已成为欧洲乃至全球性运动，WHO 提出的健康城市建设项目进入高潮阶段。

美国规划师协会（APA）会议将2014年的主题定为“公共健康与规划”。同期健康城市的研究拓展到公平问题，并提倡跨学科研究和跨部门合作。同时，作为人居环境科学五大层次之一，社区是城市最基本的组成单元，在改善居住环境、提高公众生活质量、促进健康行为和城市健康发展方面具有举足轻重的意义。2010年来，专家学者对健康社区研究日渐深入，相关的理论和方法日渐丰富，自此，健康城市开始向健康社区这一分支发展，而健康社区的内涵也日趋复杂与多元，逐渐由个体健康转向社会环境等多维健康。

健康社区是社区内所有组织和个人共同努力而形成的健康发展的整体，应当具有健康的自然环境、充分的全民参与、有活力的经济发展以及个人幸福感，实现多样化（社区混合度）、存量化（充分利用现有资源）、人性化（空间尺度宜人）。健康的社区能够提升公民的生活质量，促进健康行为，降低居民受到的危害，并保护自然生态环境。

但健康城市仍然存在许多挑战和问题。由于世界各地健康城市建设状况各不相同，很多国家仍处于摸索阶段，快速增长的健康需求和服务资源相对不足之间的矛盾日益突出，健康服务类型单一难以满足民众多元个性化的需求，医疗卫生资源协调不均衡，居民健康素养较差等问题，都给健康城市的建设带来了很大的挑战。除此以外，在建设过程中存在一个较为普遍的问题：过于依赖政府的力量，忽视非政府组织的作用，政府、社会和公众的协作机制有待进一步理顺。

伴随后疫情时代的到来，健康城市的建设重新被赋予新的时代意义。当健康城市的规划与后疫情时代相关联后，隔离、治疗、防控与恢复成为健康城市的关键。如何有效阻断疫情蔓延，实时管控社区单元，安全有序恢复社会经济空间，已成为健康城市的研究重点。

（2）健康城市理论的历史意义与贡献

健康城市理论反思传统规划对健康产生的影响，不仅强调人的健康，也强调城市生命系统的健康，把城市看作生命有机体，诊断病症并治疗，以获得城市的健康。健康城市从新公共卫生的角度，注重促进社会参与和个体生活方式健康，使居民对健康从传统理解转向对生命质量的关注，并促进社会积极参与健康活动。健康城市理论涵盖了生态城市、卫生城市、平安城市、文明城市等各类城市建设的特征，以更广泛的视角和更高的高度审视和解决城市健康问题，为解决城市健康问题提供了新方法。

2.3.4 低碳城市

1. 低碳城市理论的提出及其特征

人类进入工业文明之后，短短三百年的工业发展历程消耗了 60% 以上的地球资源，使地球的二氧化碳浓度人为地增加了 5 倍。进入 21 世纪后，人类开始反思，并逐渐对气候变化的严峻性达成共识，能源安全和温室气体减排现已成为影响各国发展的重要因素。

在此背景下，英国政府于 2003 年发布了《能源白皮书》，题为“我们未来的能源：创建低碳经济”，首次提出了“低碳经济”的概念，在国际社会上引起了广泛的关注。《能源白皮书》指出，低碳经济是指通过更少的自然资源消耗和环境污染，获得更多的经济产出，为提高生活标准和生活质量创造实现的途径和机会，并为发展、应用和输出先进技术提供新的商机，创造更多就业机会。

结合低碳城市的理论，在规划层面，低碳城市主要从城市形态、土地利用、交通系统几个方面考虑，通过构建多中心、“紧凑型”的大都市空间结构，合理划分、组织功能性城市区域，采用高速公路、铁路和电信电缆连接不同区域，实现城市层面的减排。在技术应用层面，则是通过推广清洁能源的应用，提高能源使用效率，降低能源使用需求，以达到降低碳排放的目标。由于碳排放的主要领域为交通运输、城市建筑、能源消耗、居民生活，因此，许多国家主要从这几个方面探索节能减排的方法：

（1）交通运输。大力发展公共交通体系，包括快速公交系统和智能交通系统，使网络覆盖主要出行点，提高出行效率；鼓励居民在日常生活中优先选择公共交通工具；鼓励新能源汽车的研发，提高清洁能源在交通中的使用比率。

（2）城市建筑。制定统一的低碳建筑标准，鼓励使用低碳材料，设计中应用节能减排技术，通过合理设计，降低生活中降温、保暖的能耗。

（3）能源消耗。调整能源结构，减少传统化石燃料的使用，开发可再生能源、清洁能源等，提升能源的利用效率。改革能源体制，构建有效的市场竞争机制。

（4）居民生活。加大力度宣传低碳的生活理念，提升民众的环保意识，鼓励日常生活中的低碳行为，包括随手关灯、公交代替自驾、自备购物袋、垃圾分类等，养成良好的生活习惯。

2. 低碳城市的实践探索

从目前的研究看，很多国家对气候变化及其产生的影响都比较重视，但其在低碳城市建设中采取了不同的实践路径。美国分区制定不同的低碳策略；中国将低碳纳入发展规划；日本注重在社会生活中的低碳行为；英国、德国、法国和丹麦则注重清洁能源的开发。

（1）英国贝丁顿社区（零碳社区）

贝丁顿位于伦敦西南部的萨顿镇，距市中心约20min车程，始建于2002年，是世界自然基金会联合英国生态区域发展集团建设的首个“零能耗”社区，是英国最大的环保型生态小区，也是国际上公认的可持续能源建筑与居住的范例，有人类“未来之家”之称，又被称作“贝丁顿能源发展”计划。贝丁顿社区零能源发展的设想为：最大限度利用自然资源，减少环境破坏和污染，实现零矿物能源使用。贝丁顿社区结合社会、经济和环境等不同方面的需求，运用节能技术降低日常生活中的能耗、水耗，降低小汽车的使用率（图2–12）。

图2–12　英国贝丁顿零碳社区

（2）丹麦哥本哈根

丹麦哥本哈根为迎接联合国的气候变化大会，于2009年推出一系列“绿色”举措，意在将哥本哈根打造成世界上第一个“零碳城市”，其城市规划的中期目标是到2015年减少20%的碳排放量（已于2011年实现），2025年成为丹麦第一个碳中和的城市。自2014年始，哥本哈根市政府每年秋天举办一次“哥本哈根气候措施”年会，就气候适应、国际合作等议题展开交流。2015年通过了修订的《哥本哈根应对气候变化规划》。

（3）阿布扎比马斯达尔（零碳城）

马斯达尔位于阿布扎比，是2006年建立的低碳城市。该城市通过试验性方法，致力于向低碳经济过渡，并使阿布扎比的经济从石油依赖型产业向非石油工业以及环境和可再生能源技术转变（图2–13）。

（4）美国西雅图

西雅图是美国第一个达到《京都议定书》规定的温室气体减排标准的城市，1990~2008年间，其温室气体的排放量减少了8%。西雅图以气候项目为平台，积极引导大型企业参与，同时，多部门联合行动，其主要举措包括：公众参与；提升能源利用效率；升级电力供应结构；定期评估（图 2-14）。

图 2-13　阿布扎比马斯达尔（零碳城）（马斯达尔城市规划，阿布扎比 [J]. 城市环境设计，2015，(12)：128-141.）

（5）日本东京

日本作为一个岛国，国土狭小、资源匮乏，应对自然灾害的韧性较差，因此，日本十分重视低碳城市的建设，积极倡导低碳生活。2006 年，东京政府颁布《东京都可再生能源策略》，提出使用清洁能源和可再生能源代替高碳的化石能源。同年 11 月，政府发布《东京减碳十年项目》，提出减碳目标：到 2020 年，东京 CO_2 排放量比 2000 年降低 25%。2008 年，日本前首相福田康夫在“福田蓝图”中提出新的减排目标：到 2050 年，温室气体排放量降低 60%~80%。

图 2-14　美国西雅图低碳城市

东京政府通过制定减排计划，让公众和企业意识到低碳减排的重要性，并通过智能管理、能源创新、低碳交通、绿色建筑等推动低碳城市的建设（图 2-15）。

3. 低碳城市的发展历程与历史意义

（1）低碳城市的发展、挑战与转变

2003 年，英国政府发布了《能源白皮书》，从那时起，低碳经济成为世界范围内的趋势，标志着通过降低能源密集度、提高可再生能源的比例来尝试改变经济生产和消费方式，同时将其纳入规划思考。

2008 年，日本发布了“对低碳社会的十项行动”，提出了三项原则的应用：降低所有部门的碳排放量；提倡节俭精神，通过简单的生活方式实现

图 2-15　日本东京低碳城市
（鞠阿莲，赵立杰，陈希文 . 城市美学视角下东京城市色彩规划研究 [J]. 城市管理与科技，2022，23（05）：77-80.）

高质量的生活，从高消费社会转变为高质量社会；与大自然和谐共存，保持和维护自然环境成为当前人类社会的追求。

2015 年 12 月，巴黎气候变化大会通过《巴黎协定》，标志着全球气候治理进入了新的阶段。《巴黎协定》提出了三个目标：将全球平均温度上升幅度控制在工业化前水平 2℃以内，力争不超过工业化前水平 1.5℃；提高适应气候变化所带来的不利影响的能力，并以不威胁粮食生产的方式，增强气候适应能力，促进温室气体低排放发展；使资金流动符合温室气体低排放和气候适应型发展的路径。

2020 年，习近平总书记先后提出“到 2030 年，中国单位国内生产总值 CO_2 排放将比 2005 年下降 65% 以上”“努力争取 2060 年前实现碳中和”的中国减排目标。

城市规划领域，有众多学者从城市形态方面考虑低碳城市的实践与建设，认为城市的形态结构会在一定程度上影响碳排放。学者们已经发现紧凑的城市空间形态更有利于低碳，土地利用越集约高效，人均碳排放量越低。城市功能分区的空间差异所产生的通勤需求是城市温室气体的主要来源。

但在低碳城市的建设中，仍然出现了许多问题与挑战。在实践层面，现有的低碳城市建设过于依赖政府的作用，应当建立起政府、企业与个人之间的协同合作机制；在进行低碳规划时，忽略城市原有发展基础的情况普遍存在，应当因地制宜，在不同的城市推行不同的规划理念。

（2）低碳城市的历史意义与贡献

面对全球变暖带来的挑战，低碳城市理论以城市空间为载体，实施绿色交通和建筑节能，发展低碳经济，创新低碳技术，培养居民低碳观念，最大限度地减少碳排放量。低碳城市关注气候变化，通过节能减排的技术手段，减少 CO_2 的排放，提高碳汇。

低碳城市作为当前城市规划研究领域的热点，从某种程度上说，是生态城市的一个子集，其本质是低碳经济理念和低碳社会理念在城市规划领域中的实际运用，是应对全球气候变化危机的重要举措。

2.3.5 景观都市主义

1. 景观都市主义理论的提出及其特点

景观都市主义的提出背景可以分为两条线索：一是现代景观科学和生态科学对人居环境营造日益加深的影响；二是当代城市现象的景观化阅读。在这两条线索背后是人类社会进入后工业化文明后，城市空间、形态和居住环境面临着前所未有的挑战，传统的城市设计思想难以应对，专家和学者尝试从景观的角度思考、解决城市问题，于是景观都市主义这一新的规划思想应运而生。

“景观都市主义”一词是由时任芝加哥伊利诺斯大学副教授、前哈佛大学风景园林系主任查尔斯 · 瓦尔德海姆（Charles Waldheim）提出的。景观都市主义描述了城市规划领域一系列新的探索与实践，其中，自然系统和建造系统相辅相成，共同决定城市形态。

景观都市主义以詹姆斯·科纳（James Corner）、瓦尔德海姆（Waldheim）和莫森 · 莫斯塔法维（Mohsen Mostafavi）三人为核心，汇集众多学者的观点，逐渐孕生、发展而成。科纳更多地将景观都市主义看作“一种精神、一种态度、一种思维和行为方式”，把快速发展的城市环境视为叠加的系统和聚集的斑块。瓦尔德海姆将相关学说、基础理论、项目实践等进行整合，构建起景观都市主义的理论框架。他将景观都市主义定义为当代城市化进程中一种重新整合现有秩序的途径，且将景观作为城市建设最基本的要素，而非建筑。莫斯塔法维则一直致力于景观都市主义项目的实践，并于 2008 年末在此基础上发展出“生态都市主义”的概念。

2. 景观都市主义的实践

（1）巴黎拉·维莱特公园

拉·维莱特公园位于法国巴黎东北角，占地 125 英亩，曾被中央的屠宰场占据。公园由瑞士建筑师伯纳德·屈米（Bernard Tschumi）于 1982 年设计改造，被称为“解构主义（Deconstructivism）”的典范，同时，也被视作景观都市主义的滥觞。

屈米的设计方案采取了一种景观与城市语汇紧密交融的设计策略——一种“城市化的景观”或“景观化的城市”（图 2–16）。设计师摈弃了传统城市和园林中心、轴线、等级的空间组织手法，以“点—线—面”叠加而成的系统覆盖整个场地，架构起一个无中心、无等级、无明确边界的系统。“点”是一个按 120m 方格网排布的红色构筑物，被称为“癫狂”（Folies）；“线”是主要的交通系统，包括两条长廊、中央环路、林荫道和一条蜿蜒步道（用于连接 10 个主题花园）；“面”是 10 个主题花园和其他场地、树丛及草坪。屈米通过策划多样的活动，以丰富多样的“事件景观”代替“自然景观”，使之成为公园的真正内核。在此，景观本身被构想为一个能够联结城市基础设施、公共活动和大型后工业场地的不确定未来的综合手段，而并不仅是简单地将其恢复为病态城市环境中的一个健康特例。

（2）纽约高线公园

纽约高线始建于 20 世纪 30 年代，是一段高架货运专用铁路，专用于工业运输，高出地面约 30 英尺，穿过曼哈顿最具活力的工业区。20 世纪

图 2–16　法国拉·维莱特公园

（李学思. 解读巴黎拉·维莱特公园 [D]. 广州：华南理工大学，2012.）

50年代以后，汽车货运不断发展，高线的运营受到冲击，直至1980年被废弃，此后历经20余年沧桑，早已锈迹斑斑，险遭拆除。

2003年，詹姆斯·科纳及其合作团队提出的设计方案在“高线”国际竞赛中脱颖而出。方案针对高线提出“生态应该是主导废弃高架铁路再生的过程，在时间过程中逐渐产生起作用”的生态设计理念，并融入景观都市主义的理念，旨在将工业运输线转变为后工业时代的一处休闲空间，创造高线之美。

公园面积2.87hm^2，跨越22个街区，入口设在甘斯佛街，第一段从甘斯佛街到二十街，共九个街区，约占总长的1/3。二十街到三十街为第二段，于2011年建成开放。最后一段，从三十街到哈德逊河（Hudson River）以及三十四街，建成后将与尚在规划中的“哈德逊庭院”的河滨开放空间相融合，形成全新的河畔城市公共空间景观（图2-17、图2-18）。

自2009年启用以来，高线公园成为曼哈顿西区的标志性景观节点，每年有来自世界各地的游客约700万人次，成为振兴曼哈顿西区的关键因素。

（3）多伦多安大略湖公园

安大略湖公园（Lake Ontario Park）位于外港沿岸，从樱桃海岸延伸至阿什布里奇斯湾，面积约374.3hm^2，拥有超过37km的湖岸线。2003年，多伦多市议会通过了中央滨水区第二规划（Central Waterfront Secondary Plan），该规划正式将安大略湖公园内的用地确定为公园和开放空间。

2006年，由詹姆斯·科纳领导的设计团队提出的概念设计方案，赢得了安大略湖公园设计的国际竞赛，该方案沿多伦多安大略湖设计并组织了

图2-17　美国纽约高线公园
（项琳斐.高线公园，纽约，纽约州，美国[J].世界建筑，2010，(01)：32-39.）

图2-18　美国纽约高线公园

一系列不同的场所，意在将其打造为一个富有特色的城市滨水公园，形成一条绿色的城市活力带。

在这个公园中，景观都市主义不仅对城市基础设施进行形态或空间上的修饰与美化，而且尝试将其系统和网络作为城市形态和空间结构生成和演变的基本框架，目前，安大略湖公园的基础设施网络已经形成，并服务于市民和游客。科纳认为设计的难点在于将构成现有景观的不同元素串联起来。方案通过在公园内规划 3 条横切的小径，来联系场地内不同的区域和要素。场地两个最重要的地貌特征——湿地（526hm^2）和临时沙丘（湖水沉淀而成），被改造成一处休闲景观，覆盖在原有场地的污物之上。公园的水体在设计上既考虑了生态的需求，打造有利于水生动物栖息的环境；又考虑到游客放松休闲的需求，策划了多种水上活动。该设计方案将自然、公共基础设施、娱乐和水上活动结合起来，为多伦多创造出一个标志性的公园，并使其成为世界上最具特色的城市滨水公园之一。

（4）孟菲斯谢尔比农庄公园

谢尔比农庄公园（Shelby Farm Park）位于美国田纳西州孟菲斯市，占地 1821hm^2，曾经是一座劳改农场和农业区。场地缺乏鲜明的特色，可识别性差，私有化、主干道和林荫道导致场地割裂，居民过于分散，公众可达性、城市连通性较差。2008 年 4 月，詹姆斯・科纳所在的 Field Operations 事务所在谢尔比农庄公园的国际设计竞赛中获胜。

谢尔比农庄公园是一座经过精心策划的景观策略公园，它的总体规划可以总结为“一座公园，100 万棵树，12 处风景”。“一座公园”指的是通过组织新的道路系统、树木种植、大门、标识系统和同一系列的设计元素，将公园塑造为一个整体（图 2-19）。传达集体共享的概念——公园为所有人服务，不因种族、收入和生活方式有所差异而区别对待。“100 万棵树”指改善生态，增加生物多样性，通过规划将林木与住区相连，借此屏蔽不佳的景观，仅保留场地内有观赏价值的风景。“12 处风景”指打造不同类型的景观节点，提升场地的多样性和丰富性，以

图 2-19　孟菲斯谢尔比农庄公园

满足各类人群的使用需求。公园内部包含了多种功能区，包括多功能表演场、校园和“农业中心”农业区等，设计尊重场地特点，保留了原有的自然样貌。谢尔比农庄公园是美国最大的城市公园之一，现已成为城市活力空间的典范，每天都有大量民众在这里放松休闲。

3. 景观都市主义的发展历程与历史意义

（1）景观都市主义的发展、挑战与转变

20 世纪 90 年代后期，美国的风景园林师经常在规划复兴诸如底特律等衰落的后工业城市时使用“景观都市主义”的概念。从 21 世纪开始，它在欧洲被建筑师用来表示通过高度灵活的方式，来设计重组大型基础设施、住房和开放空间。2005 年后，这个词开始与高度商业化的城市公园相关联，例如奥林匹克公园设计。

到 2010 年，美国的景观都市主义的策略已广泛用于滨水区重建、重新获得城市空置空间、城市农业和绿色基础设施等方面。随着对气候变化的关注日益增多，景观都市主义的理论研究和实践显得愈发重要。

（2）景观都市主义的历史意义与贡献

景观都市主义作为学科交叉的产物，将生态学和景观学的理论、方法引申到城市领域，用于解决城市问题，从景观的角度创造城市发展的新模式。景观都市主义强调时空流动性和景观的系统性，试图从景观的视角创造新的城市内容和城市形象。它探讨了一种调解场地与对象、建筑与景观、方法与艺术之间的可能，提供了一种工具，使景观学可以重新应用于城市营造（City Making），并在城市开发、公共决策、城市设计以及环境的可持续发展等领域发挥更大的作用。詹姆斯・科纳将其称为一种具备生态学的弹性及活跃的概念，认为景观都市主义能够创造出一种全新的、综合性的混合机制，具备崭新的效益、新型的公共空间以及完全不同的交叉学科状态。

2.3.6　结语

花园城市、生态城市、健康城市、低碳城市、景观都市主义等城市规划建设理念的提出都根植于其时代，是为了应对诸如城市化、环境危机、居民健康、全球变暖等人类普遍面临的重大问题，其中蕴含的不断发展的规划手段都为了持续推动人居环境的可持续发展。这些历史上的规划理念引领的城市实践涉及方方面面，而处理好人与自然的关系是他们共同的主题。花园城市试图通过限制城市规模、建设卫星城与绿隔重构大城市形态，生态城市试图构建可持续的整体城市生态系统，健康城市将绿色空间作为提升居民健康的重要抓手，低碳城市将“碳”作为定量化衡量其生态可持续性的标志，景观都市主义则体现了生态系统与城市系统多层次的深入融合。今天，开展公园城市建设，其首要也是处理好人与自然的关系，关注这一理念的长期发展，从历史上的城市实践理念中不断地汲取营养。

2.4 中国城市建设实践

本节着眼于中国近现代主要的城市发展理论和实践，主要分析民国时期、中华人民共和国成立初期的城市环境发展情况，以及探讨改革开放后我国提出的山水城市、园林城市、生态园林城市、宜居城市、海绵城市等城市规划理论。在此基础上，探讨这些实践对公园城市理论的借鉴意义。

2.4.1 民国时期：对城市美化运动的借鉴

民国时期，公园在中国开始萌发。城市美化运动以及近代政治革新的影响，使得民众的生活发生了重大变化，产生了新的环境空间需求。城市美化运动是指在19世纪末至20世纪初，美国针对城市环境恶化、郊区化等问题，提出的恢复城市环境的“景观改造运动”。此运动也引发了部分国人的思考，力求尽快改善中国城市的环境状况。同时，城市美化运动构建了城市的美好图景，引发了人们对未来生活的期待。在此背景下，城市美化运动几乎成为当时中国城市环境规划的常用手法。

1. 主要特征

（1）交融式园林产生

在多元文化的冲击下，大批吸收外来文化的园林被集中新建或改建，它们模仿外来园林形式，运用新颖多样的造景手法，并结合中国传统的文化内涵和布局结构，建立了一批经典的“交融式”园林。

（2）具备园林行政机构

根据国外的先进管理模式，城市中的园林事业发展必须要与行之有效的行政体系相结合。当时的中华民国参考国外经验，成立了相关部门，并界定了这个园林行政系统的位置。这个机构起到了切实管理城市中公园和其他园林设施的作用。

（3）受政治经济及文化因素影响

此时期的城市环境是随着政治、文化及经济的需要而逐步建设并完善的。城市环境空间不仅受到当地决策管理及当时经济发展及技术标准的影响，还受到宗教文化及市民生活的影响。

2. 实践案例

民国时期的上海，既无我国旧式城市在景观上的美观性及艺术性，又缺乏现代新式都市在建设上的科学性。同时，上海市中心区域较繁华，人口众多，各行各业混杂，尚未形成有机系统，道路体系也凌乱无章。基于此背景下，1929 年，上海市政府制定了大上海计划中心区规划。在整体结构上，强调几何图形的道路布局，倡导港口建设，从而推动整个城市结构的优化，实现上海的大发展。上海市政府在《大上海计划》第三编《建设上海市市中心区域计划书》中，将新的市中心规划在港口附近的江湾地区，即以今江湾五角场地区为轴心，寻求辐射发展。当时的新市中心区建设中，道路分布借鉴了西方城市规划的理念，同时在构图上重视轴线和对称，采用小方格网加对角线组织城市交通，中心区采用林荫大道强调轴线对称，显然是受到城市美化运动的影响。

随着市中心区域道路系统的初步形成，也开始进行园林计划，当时的空地园林布置计划分为五个部分，分别是对公园、森林、林荫大道、儿童游戏场及运动场、公墓等方面的计划。与此同时，市中心也将城市环境改善纳入计划中，主要表现为沟渠系统及污水处理、垃圾处理等计划。1930 年 7 月，在市中心区域建立一个公园，并附设运动场。1932 年 1 月，该公园建设正式开工。它位于市中心区域行政区的西边，面积约 340 亩，并命名为“上海市立第一公园”。在整个大上海计划中，中心区被划分为工业、农业、商业、绿地等区，其中，绿地区面积占比 32%，包括林荫大道、运动场所、各项社会福利设施和农业地带。在美国城市美化运动的影响下，

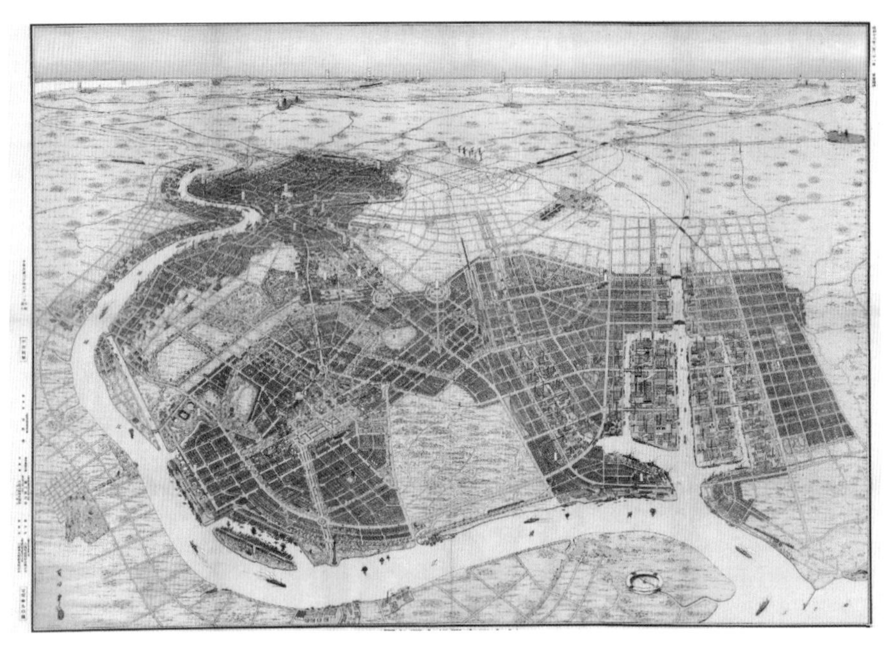

图 2-20　民国时期大上海新都市建设设计鸟瞰图
（张俊．尘封半个多世纪的“大上海计划”的现实启迪 [J].
上海城市管理职业技术学院学报，2009，18（02）：91-93.）

上海做出了宏观的、系统的设计，规划了建设成为新的国际大都市的蓝图，是近代上海第一个大型的、综合性的城市发展规划（图 2-20）。

3. 启示及借鉴

（1）明确了公园与城市的内在关系

民国时期是我国园林发展的转折时期，也是中国公园的新生阶段。此时期，中国公园秉承了中国古典园林的特点，强调天人合一的自然观，城市与自然山水相融相生，在自然山水环境的基础上，融入空间活动，引入社会生活，公园与民众联系愈加紧密。可以说，此时期城市与公园的关系已经显现出相互交融的趋势，其后在经历众多阶段演变后，最终，公园与城市的关系演变为“公园即城市，城市即公园”。

（2）公共性园林开始出现

公共品属性、生态属性及空间属性被认为是公园城市的三大属性，其中，公共品属性为三重内涵之首，是公园城市建设的核心。民国时期，受西方民主平等思想的影响，强调民众的关怀，中国公园的营建和发展保持了对公共性的极大遵循。具体表现为，停止修建皇家园林，将寺庙园林、私家园林、自然风景等不同性质空间，整合为民众所有的公共园林，显现出民国时期中国公园走向“为民所建、为民所用”的发展趋势，这为当今打造开放性、可达性、亲民性的公园城市指明了方向。

2.4.2　中华人民共和国成立初期：借鉴苏联的规划方案

中华人民共和国成立后，政府将国民经济的恢复与发展工作放在首位，随后由于“一五计划”的实施，开始了大规模的城市建设活动，中国现代城市规划体系也开始形成。中华人民共和国成立之初，城市面临着抚平战伤、破除社会腐朽旧习、建设社会新秩序、恢复生产、稳定人民生活等重要问题。1950年2月，《中苏友好同盟互助条约》在莫斯科签订，为我国学习苏联城市规划理论开辟了道路。同年2月，梁思成、陈占祥提出《关于中央人民政府行政中心区位置建议》，政府最后采用了苏联专家提出的以旧城为中心，以改造旧城为出发点的规划方案。1951年2月，中共中央在《政治局扩大会议决议要点》中指出，“在城市建设计划中，应贯彻为生产、为工人服务的观点”。为解决城市建设经费的来源，我国规定了城市地方财政支出的范围，允许使用于市政公用设施的修建。各城市采用以工代赈的方法，发动群众，整治环境、修桥修路、疏浚河道、修筑堤坝等，这些活动美化了城市环境，初步改善了全国城市的环境面貌。

1. 主要特征

（1）城市管理制度的发展

中华人民共和国成立初期，城市规划工作是由城建部门与经济综合部门共同管理的，如基本建设处，主管全国的基本建设和城市建设工作。这是具有中国特色的社会主义社会管理体制的雏形。

（2）工业优先发展战略

中华人民共和国成立初期，受到苏联模式的影响，我国开始实施“第一个五年计划”，并推动了工业城市的建设。此时期为了适应城市的发展，实行“变消费性城市为生产性城市”的政策，将生产与生活融为一体。

（3）具有过渡时期特征

中华人民共和国成立初期，我国正处于国民经济复苏和社会秩序稳定时期，城市规划建设呈现出明显的过渡时期特征。并且，当时的城市规划大多为蓝图和构想，较少计划实施，建设方向多集中在城市基础设施的更新和居住区的规划上。

2. 实践案例

苏联城市规划理论具有两个特点：其一，国民经济是城市规划的物质基础；其二，社会主义的特性就是生产性。在此背景下，当时的北京市政府把“恢复改造与发展生产”作为中心任务，以“变消费城市为生产城市”为口号，坚持“服务于人民、服务于生产、服务于中央政府”的城市建设方针，同时鉴于当时全城环境状况恶劣，决定三年恢复时期在新建一批工厂、大力发展生产的同时，着手重点改善、美化旧城环境。

在北京城市规划建设过程中，政府首先明确了北京的城市发展目标和城市总体布局，着力打造符合首都气质的城市新面貌。其主要采取“分散集团式”的城市布局形式、环路和放射路的城市道路体系等举措，建设一个“舒适、方便、优美”的城市环境（图 2-21）。

同时，城市环境的维护与美化采取分阶段、分部门进行，使城市面貌焕然一新。其次，大规模的生产，也带来了水污染问题，因此，在维护城市环境的同时，也致力于北京河湖水系的修复工作。1950~1953 年，政府采取以工代赈的方式，组织部队、农民和市民进行疏挖和修复工作。先后疏浚了内城河湖水系以及金河、长河、西北护城河等，不仅增加了城市水量，还解决了城市的排水问题；通过疏浚金鱼池，改造陶然亭、龙潭低洼积水坑等举措，建设公园绿地；疏浚了近郊河道，以解决农田排涝问题（图 2-22）。在第一个五年计划中，根据当时的国情，开发水资源，改善、美化了城市环境，为市民提供了休闲、娱乐的城市空间。

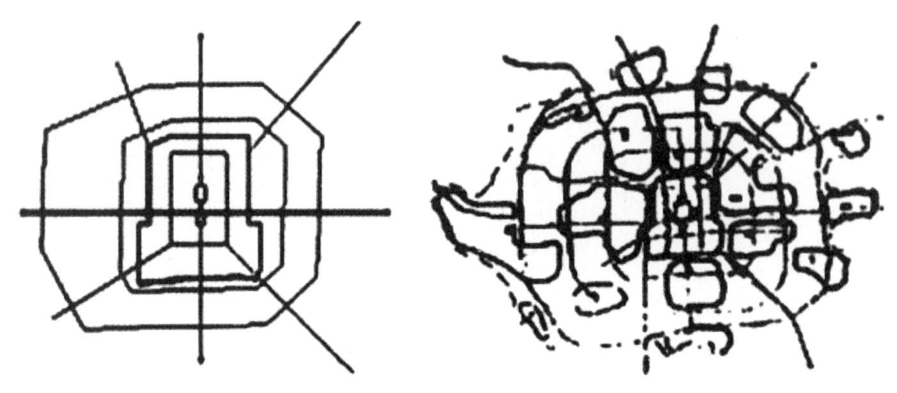

图 2-21　中华人民共和国成立初期北京道路规划示意图

（乔永学. 从城市设计角度看建国初期北京城宏观空间的建构 [J]. 建筑史，2003（02）：15.）

3. 启示及借鉴

中华人民共和国成立初期是近代以来我国城市规划事业真正得到发展的重要时期，具有特殊的历史地位和价值。中国城市园林建设规划大规模开展是在中华人民共和国成立以后，是伴随着社会主义工业化的开展应运而兴的。

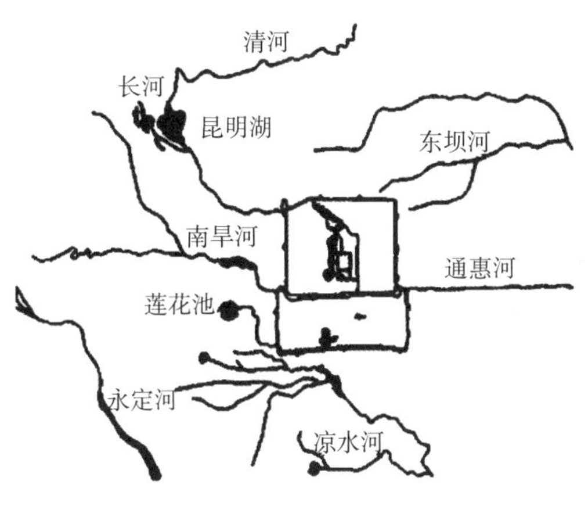

图 2-22　解放初期的北京河湖体系图
（乔永学. 从城市设计角度看建国初期北京城宏观空间的建构 [J]. 建筑史，2003（02）：15.）

（1）城市规划与市民紧密联系

中华人民共和国成立初期国家采取“重点建设城市”的方针进行城市规划建设，此时期，城市规划大多配合工业生产而建设。其中，对于工业用地规划重点主要是生活居住地用地规模的确定，包括居住街坊用地、公共建筑用地、绿化用地等。公园城市的实质是处理“公园—城市—市民”三者的关系，相较于中华人民共和国成立初期，公园城市更加注重城市发展与绿化建设的整体性与合理性，考虑了三者之间的关系，这样既可以节约资源，也能实现城市结构的完整性、系统性。

（2）吸收先进思想，创新发展

中华人民共和国成立初期，我国城市园林建设规划模式是对苏联模式的借鉴，但绝非简单地照搬照抄，而是针对现实国情及形势，进行针对性地“适应性改造”。但也存在机械模仿的情况，在绿化建设上，片面追求绿化，缺乏系统化考量。公园城市经历了不同阶段发展，受到外来思想及内在文化的双重影响，但都结合自身形势进行了再创新，从而促使公园城市理念得到可持续发展。

2.4.3　山水城市

随着社会的不断进步和发展，城市化成为我国不可逆转的趋势，随之也带来了自然环境污染和生态破坏等问题。基于此，1990 年钱学森先生致函吴良镛教授，首次提出了“山水城市”的概念。它结合了中国山水诗词、山水画和古典园林，是具有中国特色的构想，是城市发展的新模式，具有深刻、丰富的内涵。

从山水城市概念形成的三个过程来分析，山水城市植根于中国古典传统文化和历史，是一个多学科、多文化的概念。它蕴含着中国古典园林艺术的精髓、“天人合一”的哲学思想，同时，顺应了当今“可持续发展观、生态学、理想主义”，满足了人们回归自然的愿望。

山水城市的概念反映了人们对城市环境的理解与期待，是人们对理想城市环境的追求。山水城市不应简单地理解为有山有水的城市，它蕴含中国独特的文化风格特点，是一座有山水物质空间形态环境和精神内涵的城市。钱学森先生曾说过：“为祖国有这一独创的艺术部门而感到骄傲。要研究、发掘中国传统文化，中国的山水城市应该有深邃的文化内涵，要有诗情、画意，园林情、建筑意。这是东方文化特色所在，是中华文化的精髓。”

1. 主要特征

山水城市是更具内涵的“园林”，它集中国山水诗词、中国古典园林建筑和中国山水画于一体，营造出一个回归自然的城市环境。

（1）城市与自然的关系

山水常被认为是构成城市环境的重要要素，能形成各个富有特色的城市构图。山水城市倡导人工环境与自然环境的协调发展，其最终目的在于建立“人工环境”与“自然环境”相融合的人居环境。

（2）生态学哲理和自然保护意识

钱学森先生说：“他（们）强调城市建设要将自然山水纳入考量中，而我认为城市应当建设为人造山水。”这表达了一种非平衡式生态平衡，它不是一个静止的概念，而是在人为有利影响下，建立新的平衡，达到更合理的结构，以实现更高效能和更好的生态效益。

（3）具有“中国特色”

钱学森先生认为，社会主义中国的城市应有中国文化风格，山水城市应具有中国特色的文化内涵。一方面，传承深厚的山水文化，体现优秀的传统文化。另一方面，它是社会主义的文化，它必然是摒弃传统文化中封建等级、身份等糟粕意识的文化。

2. 实践案例

大连于 2017 年被授予“美丽山水城市”称号。大连在建设山水城市过程中，立足于山海特色和自然环境的特点，以求建设和谐、健康的“山水城市”(图 2–23)。人文环境与自然环境具有同等的地位。首先，在自然环境改造上，大连从保护角度出发，注重人文景观的处理。其次，开辟城市公共绿地，开展重点绿化工程，为城市市民提供休闲游憩空间；推动城市道路两侧的绿化建设，形成城市道路绿色廊道。最后，在沿海岸线、高速公路、过境公路、铁路布置隔离带及防护绿地，使这些绿地与城市其他类型绿地组成点、线、面相结合的有机绿色体系。

党的十八大以来，大连市委、市政府将“品质立市”作为重要战略，不断探索“绿水青山就是金山银山”的绿色发展路径，把绿色发展摆在更加重要的战略位置。2015 年，大连出台了《关于加强城市建设与管理的意见》，全面深化城市建设管理体制机制改革，不断加快大连建设，构建绿色布局、绿色城市，落实绿色发展理念，将经济建设和生态文明建设结合起来。近年来，大连把生态环境保护放在更为突出的位置，全市累计建成自然保护区 12 个、森林公园 14 个、风景名胜区 5 个，森林覆盖率达 41.5%(图 2–24)。

同时，大连在建设蓝天、碧水、绿地、青山工程的基础上，不断加大节能减排和环境综合整治力度，促使市区环境空气质量得到很大改善，海域水质状况良好。在建设山水城市过程中，大连做到了尊重自然环境、历史文化，将城市建设与山水融合协调，营建一个自然环境良好、有文化、有感情、独具特色的山水城市。

3. 启示及借鉴

山水城市的建设是一个持续性的动态过程，是根植于中华传统文化、山水文化所建立起来的园林新形式，体现了中国特色园林的可持续发展。山水城市的快速发展，促进了现代公园城市的发展，为公园城市的建设奠定了基础，指明了方向。

图 2–23　大连城市鸟瞰

图 2–24　大连城市绿化

(风情大连 不一样的山与海 [J]. 中国生态文明，2017,(05): 66–67.)

（1）强调美学底蕴

山水城市充分汲取了中国山水诗词、山水画和古典园林的美学底蕴，具有深刻、丰富的内涵。公园城市建设模式同样是中国传统造园思想的现代传承，通过构建融入山水自然、彰显文化特色的城市绿色格局，构建诗意栖居的城市理想境界。公园城市建设以创造优良的生态人居环境作为中心目标，将城市建设成为人与自然和谐共生的美丽家园。

（2）城市与自然和谐共生

中国山水城市理念强调天人合一，提倡人工环境、自然环境与文化底蕴的协调发展。公园城市建设与城市生态环境相结合，充分利用了山、水、城、林自然生态格局，实现了城市与自然的交融和对话。公园城市作为新时代城市发展模式，在空间上进一步促进城市绿地建设与自然环境、乡村人居环境的融合，构筑城市园林与城郊绿色资源、乡村绿色资源相融合的大地园林体系，实现新时代城乡融合、自然与城市高度和谐统一的空间体系。

2.4.4 园林城市

工业化、城市化的急剧发展，带来了城市环境破坏、生态失衡等问题，严重威胁人们的健康。而园林贴近人们的生活，拥有丰富的历史文化积淀，体现当地的自然和人文景观。基于此，园林城市的建设越来越重要，创建“园林城市”的要求应运而生。力图通过构建完整的城市绿地系统，使其成为改善城市生态的主体，营造方便、卫生、舒适、优美、清新的工作和生活环境。

国家园林城市是根据住房和城乡建设部《国家园林城市评选标准》评选出的分布均衡、结构合理、功能完善、景观优美、人居生态环境清新舒适、安全宜人的城市。评选工作于 1992 年开始。它是立足于中国传统园林和现代园林，紧密结合城市发展，满足现代人的需求，以整个城市辖区为载体，实现全市的园林化的一种新型园林。它旨在实现“空气清新、环境优美、生态良好、人居和谐”的目标。中国第一批园林城市包括北京、合肥、珠海。

1. 主要特征

（1）把改善城市环境作为首要任务

园林城市是各类型、各功能的公园、绿地构成的总体，不论其形态和功能，都将改善生态环境作为首要任务，提高其园林绿地率。

（2）科学规划设计，构成布局合理

突出生态效益，改善生态环境质量，建立良好的生态系统。同时，在城市建设过程中，规划不仅具有全面性还具有科学性。且包含城市景观容貌和绿地建设。

（3）实施自然与艺术的融合，提高景观环境质量

园林城市中的园林，表现出艺术和技术的高度统一，反映了古人认识自然以及再现自然空间艺术的过程。以源于自然、高于自然为基本特征，将自然美与人文美巧妙结合，达到“虽为人作，宛自天开”的境界。

（4）以植物创造景观，科学配置

大力植树造林，形成良好的植被环境，紧跟城市发展的需要，快速增加绿量。同时，城市绿化的建设贴近百姓，并均匀分布，让更多的市民享受城市绿化。

（5）实施全面保护政策

全面保护自然环境、地形地貌、文物古迹、人文景观，延续和发展城市文脉，增加时代特色。

2. 实践案例

合肥于 1992 年被评为首批国家园林城市。合肥是一座具有 2000 多年历史的古城，市内有逍遥津公园、环城公园等胜景。其中，环城公园是在原环城林带基础上建设形成的带状公园，它抱旧城于怀，融新城之中，形成城中有园、园中有城的景象，被人们誉为“翡翠项链”（图 2–25）。在这个项链

图 2–25　合肥环城公园

上又镶着 4 颗耀眼的明珠，分别为包河公园、银河景区、逍遥津公园和杏花公园，这几块绿地的建设，为合肥市获得“园林城市”奠定了基础。

在创建园林城市工作上，合肥市立足于整个城市环境的改善，打破一般苑、囿和城市公园格局，将传统自然山水园林的营造手法用于城市规划、建设之中。合肥市依托现有自然环境，以“风扇型”开敞式城市为总体规划结构，即以老城区为核心，沿主要干道向东、北、西南发展三个工业区。合肥市在创建园林城市的道路上，从城市实际出发，形成了一套行之有效的方法，如在发展方针上，坚持以面为主，点、线穿插；在园林手法上，突破块状和封闭式园林的旧格局，采用开敞式的带状或环状分布；在发展方向上，注意园林建设与城市环境的综合整治紧密结合等。今日的合肥，继承传统的园林手法，创造了现代化城市新环境，让合肥变成绿色之城，为走具有中国特色的园林城市探索出一条成功之路（图 2–26）。

3. 启示及借鉴

园林城市是在中国传统园林和现代园林的基础上，紧密结合城市发展，适应城市需要，顺应当代人的需要，以整个城市辖区为载体，以实现“空气清新、环境优美、生态良好、人居和谐”目的的一种新型园林。在众多城市探索园林城市实践过程中，也概括出了城市建设的经验。

（1）城在园中，园在城中

合肥在建设园林城市的过程中，以“公园抱旧城于怀，融新城之中”的建设理念，将园林与城市演变为“园在城中，城在园中，园城相接，城

图 2–26　合肥市城市风光

园一体”的关系，城园互含、园城合一的形态逐渐发展成熟，被众多城市所模仿。公园城市在此基础上将城市与公园的关系联系更为紧密，并逐渐发展为“城市即公园、公园即城市”的关系。

（2）强调园林绿化

建设园林城市的过程即美化城市的过程，注重城市形态。其中，园林绿化是城市公园的重要组成部分，园林城市的建设不仅仅是植树造林、增加绿化，还要在此基础上融入园林艺术、审美意识等，推动城市绿化向公园发展。公园城市是绿色的，是开放共享的，也是城市层次的大园林系统，强调了园林绿地品质向公园的转变、融合，是园林城市的升华。

2.4.5　生态园林城市

生态园林城市是园林城市的更高阶段。2004 年，建设部启动国家生态园林城市的创建工作。其评估工作每年进行，采取城市自愿申报、建设部组织专家评议的形式，同时，申报城市必须是已获得“国家园林城市”称号的城市。

生态园林城市是中国城市为了适应新的发展要求和挑战所提出的，它是城市发展新的发展阶段和目标。生态园林城市相较于园林城市，更关注城市生态环境质量、市民的幸福感以及资源的可持续循环利用。生态园林城市不仅指环境优美，更是指以生态学原理为指导建设的园林绿地系统，在这个系统中，乔、灌、草因地制宜相配置，种群结构和谐有序稳定。其核心思想是启动一个自然程序，然后依靠自然规律演替发展，追求低投入和高收益，有效地保护生态环境，创造符合科学规律的自然美，促进市民身心健康。总之，生态园林城市是生态健康的城市，它追求人类与自然的健康与活力，是可持续的、符合生态规律和适合自身生态特色发展的城市。

1. 主要特征

（1）突出森林的优势地位

森林是陆地生态系统的主体，具有极高的生物生产力和生物量，其生态功能无法替代。因此，在生态园林城市发展过程中，大力发展了城市森林，营建点、线、面相结合的森林生态系统。

（2）突出生态系统的支撑力

生态园林城市的建设既满足了人们的审美需求，还创造出了利于人们生存和发展的绿色空间。城市园林既有游憩、观赏的作用，又承担了保护和改善环境的责任。

（3）突出以人为本的生态生产力

生态园林城市强调人与自然、人与人之间和谐相处的仪式，减少矛盾和冲突的产生，利用生态园林景观改善人的生态心理，恢复人的自然属性，始终做到尊重自然、顺应自然和保护自然。

2. 实践案例

徐州于2016年被评为国家生态园林城市。在人们的印象中，徐州是一座摆脱不了灰黑色底色煤城阴影的古老工业基地（图2-27）。近几年来，徐州坚持“环境优先”原则，树立了“节约型园林”“精品园林”等建设理念，通过绿地系统规划，将自然山水和绿地资源结合起来，基本实现了城市与自然园林的相互融合、人与自然的和谐共生。

图2-27 徐州生态园林城市建设前（谷醒龙.近代工业城市的发展与变迁研究——以徐州为例[J].城市建筑空间，2023，30（1）：80-81.）

徐州依山傍水，城市四面环山。基于此，2003年起，徐州围绕“山”和“水”的城市骨架，实施整体拆迁工作，如“退建显山”工程、“退渔还湖”工程，打造美观、舒适的自然环境。同时，实施“扩湖增水”“去港还湖”工程，改造公益性园林景观，为市民提供休闲健身的城市空间。由于采石场长期开采，形成大量的城市矿山荒地，为此，对其进行生态修复，并取得显著成效，生态恢复率达到90%以上（图2-28）。

2007年，徐州开展第二轮“向荒山进军”行动，总计完成荒山造林十余万亩，实现了全市荒山绿化全覆盖。同时，逐步建立了疏密适度、亦城亦乡的城市结构，注重居住小区、公共设施等的环境生态化建设以及城乡道路交通建设。2008年，为抚平“生态伤疤”，徐州市以此为契机，加强了对煤矿塌陷、废弃工矿用地、采石沟的综合治理。在徐州，对煤矿等陆地进行了整治，新增了数百个湖泊、湿地景观。6432hm^{2}煤矿废弃地得到生态

图 2-28　九里湖湿地公园
（陈彦，王冉 . 城市滨水区景观规划设计对策研究 [J].
美与时代（城市版），2021，(01)：46-47.）

修复，生态恢复率达 82.44%。近年来，通过各类生态建设项目的推进实施，徐州市新增开放式公共绿地 2000hm^2，拥有自然保护区和风景名胜区 11 个、国家级生态示范区 4 个。

3. 启示及借鉴

生态园林城市，旨在园林城市的基础上，利用生态学相关原理，植树造林，增加生物多样性，提高城市的生态功能。同时，生态园林城市并不仅限于生态的和谐，也有对人性的尊重及对社会机制的维护，具有更深刻的内涵。

（1）生态筑基，绿色发展

党的十九大报告指出，中国特色社会主义进入新时代。我国社会矛盾已经转化为人民日益增长的美好生活需要同不平衡不充分的发展之间的矛盾，既要创造更多物质财富和精神财富以满足人民日益增长的美好生活需要，也要提供更多优质生态产品以满足人民日益增长的优美生态环境需要。生态园林城市的发展是由注重园林绿化指标到关注自然、生态环境、人居环境共同发展，直至形成一个良性循环的城市生态系统。生态园林城市为公园城市的发展注入了新的理念和活力。将生态性纳入城市建设中，将公园城市格局作为城市空间结构优化的基础性配置要素，强调城绿共荣的城市生态文明建设理念，促进公园城市绿色发展。

（2）景观与生态的高度融合

生态园林城市在园林城市的基础上更加注重城市生态文明建设，即满足园林景观和生态理念的融合。公园城市建设过程中最为关键的是要引导城市顺应自然、保护自然，在城市建设中更加注重保护山水林田湖草的生态价值，以自然为美，重视强化城市内在自然生态系统的保护。因此，可以认为，公园城市相较于广义生态园林城市来说，更具景观美学和生态价值，也更加突出城市统筹发展，以求通过绿色发展理念引领生态文明新时代。

2.4.6 宜居城市

通过对人居环境与住区问题的研究，人们关注问题的角度、深度、广度都在不断演变，包括城市环境、资源、安全等内容逐渐进入研究领域，“宜居城市”的概念开始走入人们的视野。1996 年，联合国第二次人居大会提出了“城市应当是适宜居住的人类居住地”的概念。此概念提出后，国际社会形成了广泛共识，许多城市开始把宜居城市作为新的城市建设目标。2005 年 7 月，时任中共中央政治局委员、国务院副总理曾培炎在全国城市规划工作会议上提出“要把宜居城市作为城市规划的重要内容”，此后，我国掀起了建设“宜居城市”的热潮。

宜居城市是城市发展到后工业化阶段的产物，是指宜居性比较强的城市，具有良好的居住环境、人文社会环境、生态与自然环境和清洁高效的生产环境。狭义的宜居城市是指气候条件宜人、生态景观和谐、适宜居住的城市；广义的宜居城市则是指人文环境与自然环境协调，经济持续繁荣，社会和谐稳定，文化氛围浓郁，设施舒适齐备，适于人类工作、生活和居住的城市。

1. 主要特征

宜居城市是由自然环境和人文环境构成的复杂系统。其自然环境系统包括自然环境、人工环境和设施环境三个子系统，人文环境系统包括社会环境、经济环境和文化环境三个子系统。各子系统有机融合、协调发展，共同创造出健康、优美、和谐的城市人居环境。

（1）可持续发展

可持续发展作为宜居城市发展的核心，是在自然环境的基础上，反映出现代艺术与未来社会发展方向，尽可能实现自然与人类双方利益的最大化。

宜居城市的建设是一个循序渐进的过程，是一个可持续发展的过程。

（2）生态环境与城市经济发展的统一性

宜居城市充分体现了生态环境与城市经济发展的统一。经济是城市建设的物质基础，但经济建设不能以破坏生态环境作为代价，只有适合人类居住的环境才能体现出社会进步，宜居城市的建设做到了两者的兼容。

（3）独具文化特色

宜居城市将本土文化融入了建设进程，只有饱含一定的文化厚度，才能称之为集思想、教育、文化、科技于一体的城市，才能发挥城市环境育人的功能，提高全民的整体素质。

（4）景观优美怡人

宜居城市是一个人文景观与自然景观的复合体。景观环境的优美是城市建设的基本要求，这要求必须协调好人文景观与自然景观之间的关系，设计出有人情味的城市环境，从而促进居民身心健康。

2. 实践案例

生态环境是市民和游客喜欢昆明的重要因素。保护“昆明蓝”，建设“宜居城市”是昆明全市上下的共同目标。防治大气污染始终是昆明生态环境保护工作的重中之重。2016 年以来，昆明市大气污染防治年度目标任务逐年下达，并对相关工作进行了安排和部署。加强大气污染防治工作，同时，加强生态环境、住建、城管等部门之间的联系，对建筑工地扬尘、工业企业污染排放等强化监管，持续开展大气污染防治专项措施，以减少大气污染，为市民营造一个健康、舒适的宜居城市环境（图 2–29）。

图 2–29　昆明城市风光

图 2-30　昆明滇池风光

昆明市城市管理局局长曾表示:“在创建宜居城市以来，我们通过清理居民小区、背街小巷、城市道路，老旧小区微更新，城市景观形象管理，着力解决城市市容和生活环境脏、乱、差等突出问题，使全市环境更加干净、整洁，城市景观更加靓丽迷人，出行条件更加安全便捷，人居环境更加温馨舒适，城市功能、城市品质、城市形象都得到了明显改善和提升。”在建设宜居城市过程中，昆明以老旧小区改造、背街小巷治理等难点问题为突破口，提升了城市薄弱环节治理水平，基本解决了城市建筑和配套设施破损老化、环境脏乱差、管理体制不健全等问题（图 2-30）。

同时，在建设宜居城市时，昆明抓住自身的气候优势，着力打造“世界春城花都”，开展“增绿添彩”工作，持续对城市道路、公园绿地等空间进行整治，开展“美丽街道”“美丽公园”“美丽河道”等工作，对口袋公园、社区游园等进行更新，建设一批以花卉景观为主题的游园绿地，展现“春城”的宜居风貌（图 2-31）。

3. 启示及借鉴

宜居城市是指经济、社会、文化、环境协调发展，人居环境良好，能够满足居民物质和精神生活需求，适宜人类工作、生活和居住的城市。在建设城市园林景观过程中，也须参照宜居城市的要求及标准，以人为本，促使城市自然环境与建筑人工环境相互协调和有机融合，创造出怡人的城市园林景观，满足居民的生理和心理需求。

公园城市的建设要满足居民出门见绿，将公园游憩服务作为满足美好

图 2-31　昆明翠湖公园
（赵艺蕾，吴志宏. 昆明翠湖公园使用后评价（POE）研究 [J]. 城市建筑，2019，16（26）：4.）

生活需要和建设幸福家园的城市基本公共服务，强调以人民为中心的普惠公平和活力多元。满足人民日益增长的美好生活需要是新时代城市发展的新目标，公园城市的建设核心在于“公”，面向公众，公平共享，公园城市的建设，要积极落实以人民为中心的发展思想，通过打造人人可享受的高品质生活环境，满足人民日益增长的美好生活需要，打造开放、可达、亲民的公园体系，建设充满人性关怀的理想公园城市。

2.4.7 海绵城市

2011 年，中国城镇化率首次超过 50%，这标志着我国从农业大国向工业大国转变。快速城镇化带来了大规模的城市扩张，并引发了一系列生态环境问题，其中，水生态危机尤为突出。近些年，我国多个大中型城市屡遭暴雨，内涝灾害频发，雨洪问题已严重影响了城市生活。2014 年 11 月，住房和城乡建设部在借鉴国外低影响开发系统的理论基础上，结合我国城市现状问题，提出了《海绵城市建设技术指南——低影响开发雨水系统构建（试行）》。海绵城市是指城市能够像海绵一样，在适应环境变化和应对自然灾害等方面具有良好的“弹性”，下雨时吸水、蓄水、渗水、净水，需要时将蓄存的水“释放”并加以利用，实现雨水的可持续利用。该文件为我国海绵城市建设提供了理论指导，随后多个城市陆续开展了海绵城市试点工作。

1. 主要特征

（1）弹性城市应对自然灾害

海绵城市在面对洪涝或者干旱时，能够灵活应对和适应各种水环境危机，体现了弹性城市在面对水文类自然灾害时快速吸收灾害干扰，排除干扰的同时，还具有净化和储存雨水功能。

（2）低影响开发系统实现雨洪控制

海绵城市的主要要求是基本保持开发前后的水文特征不变，其中，低影响开发系统是海绵城市实现低开发强度和雨洪控制的核心思想和实现途径。

（3）水生态系统保护与水资源利用的可持续发展

海绵城市要求保护水生态环境，将雨水作为资源合理储存起来，以满足城市缺水时的需求，体现了对水环境及雨水资源可持续的综合管理思想。

2. 实践案例

厦门于 2015 年入选国家第一批海绵城市建设试点城市，其试点区总面积 35.4km^2。自 2015 年开始，厦门市将海绵城市建设作为全面落实绿色发展理念、完善城市功能、提升城市综合承载力、推进生态文明建设的重要举措。在建设海绵城市过程中，厦门市政府不仅在海沧马銮湾片区、翔安新城的两个试点区大力推进海绵城市建设，还坚持通过规划引领、完善标准规范等举措，统筹新老城区建设，在全市域范围内全面推进海绵城市建设，力求实现将 70% 的降雨就地消纳和利用的目标要求：到 2020 年，厦门全市城市建成区 20% 以上的面积达到目标要求；到 2030 年，全市城市建成区 80% 以上的面积达到目标要求；到 2035 年，全市基本完成海绵城市建设（图 2-32）。

厦门城市规划充分融入海绵城市理念，明确自然生态空间格局，尊重自然地势地貌、天然沟渠、湿地，将保护原自然河湖水系、保留自然蓄滞洪区放在工作首位。同时，全市新建、改建、扩建项目在方案设计阶段同步进行海绵城市专项设计，落实海绵城市建设要求。其中，建设项目做到了尊重自然环境，利用周边的自然地形和河谷，通过重力流实现自然入渗和雨水排放。对于建筑、广场、道路等建设项目周边的绿地、特殊情况确需人工设置高出相邻硬化面积高程的绿地，做到严格规划，并向规划、市政园林部门提出报审。此外，除大面积的绿地公园建设和建筑周边沿线保

图 2–32　厦门城市绿化

留自然山体丘陵地势外，城市街区和城乡道路沿线一般不利用人工“堆高”方式建设绿化。

对于已建公共建筑、公园等，要结合有机更新、植物维护、景观提升等方法，进行海绵城市改造。鼓励已建建筑与小区、商业区等也加入到海绵城市建设工作中来；对于新建建筑与小区，要严格按照海绵城市刚性控制指标要求，实施海绵城市的建设工作。厦门市采取“区域小海绵”与“全市大海绵”有机结合的途径，基本实现了城市生态发展的良性循环。

3. 启示及借鉴

海绵城市建设被称为低影响、低开发，突破了传统排水系统只排不蓄、只排不用的缺陷，实现了水资源可持续利用、良性水循环、内涝防治、水污染防治、生态友好的综合目标。

（1）弹性景观设计，城市景观的可持续发展

海绵城市是生态文明在城市管理中的具体体现，是我国解决雨水出路和水资源可持续利用的必由之路。海绵城市的提出，有效地减少了我国城市内涝灾害，使城市容易适应新的环境，遭遇水灾害后能够快速恢复，弹性适应环境变化和自然灾害。公园城市的弹性反映在对环境弹性适应的基础上，包括对生态系统不同阶段的适应，不同对象需求的适应，以及不同尺度范围、不同目标任务的适应等。随着公园城市的快速发展，这种动态性特征尤为明显。公园城市应构建一个应对动态变化的综合发展战略框架，强化城市园林建设与城市社会经济发展的协调，增强城市绿地的弹性适应

力，以此来解决建设与保护、近期与远期之间的矛盾，满足城市良性持续发展的需求。

（2）海绵系统网络

海绵城市的建设致力于实现人水和谐。在公园城市建设中，公园是城市中最大的“海绵”。因此，海绵城市应以公园体系为基础，将城市内各公园、大中心串联起来，让整座城市形成一张“海绵网”，系统解决城市水安全、水环境、水生态问题，实现城市人水和谐。

2.4.8 小结

中国的城市规划思想丰富，理论完备，反映了中华人民共和国成立以来城市发展各个阶段的特点。本节主要着眼于中国城市近现代发展的理论及实践，从民国时期、中华人民共和国成立初期、改革开放后的几个城市规划理论的角度进行分析，梳理我国城市理论发展的脉络。民国时期，中国的城市规划思想主要受到欧美国家的影响。然而，在中华人民共和国成立之初，城市规划建设过程中借鉴了苏联的城市规划理论。改革开放后，为了适应城市的不断发展，中国提出了建设“山水城市”“园林城市”“生态园林城市”“宜居城市”“海绵城市”等构想。其中，“山水城市”强调立足城市的自然山水环境和传统文化，建设自然景观和人文景观融为一体的城市；“园林城市”更加突出园林绿化、美化环境的过程；“生态园林城市”是在“园林城市”的基础上，建设符合生态规律的城市；“宜居城市”突出以人为本理念，营造舒适优美的生活环境；“海绵城市”强调水的核心，以达到城市的可持续发展。

中央城市工作会议提出，城市工作要把创造优良人居环境作为中心目标，把城市建设成为人与人、人与自然和谐共处的美丽家园。城市生态文明建设需要现代城市发展模式的转型升级。为了实现城市空间的高效运作，城市设计的重点已经远远地超出了空间形态美化与一般意义的生态化，达到需要通过城市生态与形态的协调，实现城市集约化、高效、持续发展，从更高层次、新的高度认知人居环境。基于此，在过去的理论、实践的基础上，又一个新的概念“公园城市”被提出。

2.5　城市建设和发展新要求

2.5.1　中央城市工作会议

中央城市工作会议于 2015 年 12 月 20 日至 21 日在北京举行。习近平总书记在会上发表重要讲话，分析城市发展面临的形势，明确做好城市工作的指导思想、总体思路、重点任务。

会议强调，做好城市工作，要顺应城市工作新形势、改革发展新要求、人民群众新期待，坚持以人民为中心的发展思想，坚持人民城市为人民，要尊重自然、顺应自然、保护自然，改善城市生态环境，在统筹上下功夫，在重点上求突破，着力提高城市发展持续性、宜居性。本次中央城市工作会议的主要精神可概括为“一尊重、五统筹”。

1. 尊重城市发展规律

城市发展是一个自然历史过程，有其自身规律。城市和经济发展两者相辅相成、相互促进。城市发展是农村人口向城市集聚、农业用地按相应规模转化为城市建设用地的过程，人口和用地要匹配，城市规模要同资源环境承载能力相适应。必须认识、尊重、顺应城市发展规律，端正城市发展指导思想，切实做好城市工作。

改革开放以来，伴随着中国城市的发展，从“绿化城市”到“园林城市”，再到“生态园林城市”，城市园林绿地建设的价值导向和认识水平不断提升，城市园林绿地建设的内涵不断深化和拓展。公园城市诞生于中国特色社会主义新时代，是习近平生态文明思想在中国城市建设领域的具体体现，是顺应世界城市发展规律又立足于我国城市发展现状而提出的城市建设新模式。

2. 统筹空间、规模、产业三大结构，提高城市工作全局性

要在《全国主体功能区规划》《国家新型城镇化规划（2014—2020 年）》的基础上，结合实施“一带一路”建设、京津冀协同发展、长江经济带建设等战略，明确我国城市发展空间布局、功能定位。要以城市群为主体形态，科学规划城市空间布局，实现紧凑集约、高效绿色发展。要优化提升东部城市群，在中西部地区培育发展一批城市群、区域性中心城市，促进边疆中心城市、口岸城市联动发展，让中西部地区广大群众在家门口也能分享城镇化成果。各城市要结合资源禀赋和区位优势，明确主导产业和特色产业，强化大中小城市和小城镇产业协作协同，逐步形成横向错位发展、纵向分工协作的发展格局。要加强创新合作机制建设，构建开放高效的创新资源共享网络，以协同创新牵引城市协同发展。我国城镇化必须同农业现代化同步发展，城市工作必须同“三农”工作一起推动，形成城乡发展一体化的新格局。

3. 统筹规划、建设、管理三大环节，提高城市工作的系统性

城市工作要树立系统思维，从构成城市诸多要素、结构、功能等方面入手，对事关城市发展的重大问题进行深入研究和周密部署，系统推进各方面工作。要综合考虑城市功能定位、文化特色、建设管理等多种因素来制定规划。规划编制要接地气，可邀请被规划企事业单位、建设方、管理方参与其中，还应该邀请市民共同参与。要在规划理念和方法上不断创新，增强规划科学性、指导性。要加强城市设计，提倡城市修补，加强控制性详细规划的公开性和强制性。要加强对城市的空间立体性、平面协调性、风貌整体性、文脉延续性等方面的规划和管控，留住城市特有的地域环境、文化特色、建筑风格等“基因”。规划经过批准后要严格执行，一茬接一茬干下去，防止出现换一届领导、改一次规划的现象。抓城市工作，一定要抓住城市管理和服务这个重点，不断完善城市管理和服务，彻底改变粗放型管理方式，让人民群众在城市生活得更方便、更舒心、更美好。要把安全放在第一位，把住安全关、质量关，并把安全工作落实到城市工作和城市发展各个环节各个领域。

4. 统筹改革、科技、文化三大动力，提高城市发展持续性

城市发展需要依靠改革、科技、文化三轮驱动，增强城市持续发展能力。要推进规划、建设、管理、户籍等方面的改革，以主体功能区规划为基础统筹各类空间性规划，推进“多规合一”。要深化城市管理体制改革，确定管理范围、权力清单、责任主体。推进城镇化要把促进有能力在城镇稳定就业和生活的常住人口有序实现市民化作为首要任务。要加强对农业转移人口市民化的战略研究，统筹推进土地、财政、教育、就业、医疗、养老、住房保障等领域配套改革。要推进城市科技、文化等诸多领域改革，优化创新创业生态链，让创新成为城市发展的主动力，释放城市发展新动能。要加强城市管理数字化平台建设和功能整合，建设综合性城市管理数据库，发展民生服务智慧应用。要保护弘扬中华优秀传统文化，延续城市历史文脉，保护好前人留下的文化遗产。要结合自己的历史传承、区域文化、时代要求，打造自己的城市精神，对外树立形象，对内凝聚人心。

5. 统筹生产、生活、生态三大布局，提高城市发展的宜居性

城市发展要把握好生产空间、生活空间、生态空间的内在联系，实现生产空间集约高效、生活空间宜居适度、生态空间山清水秀。城市工作要把创造优良人居环境作为中心目标，努力把城市建设成为人与人、人与自然和谐共处的美丽家园。要增强城市内部布局的合理性，提升城市的通透性和微循环能力。要深化城镇住房制度改革，继续完善住房保障体系，加快城镇棚户区和危房改造，加快老旧小区改造。要强化尊重自然、传承历史、绿色低碳等理念，将环境容量和城市综合承载能力作为确定城市定位和规模的基本依据。城市建设要以自然为美，把好山好水好风光融入城市。要大力开展生态修复，让城市再现绿水青山。要控制城市开发强度，划定水体保护线、绿地系统线、基础设施建设控制线、历史文化保护线、永久基本农田和生态保护红线，防止"摊大饼"式扩张，推动形成绿色低碳的生产生活方式和城市建设运营模式。要坚持集约发展，树立"精明增长""紧凑城市"理念，科学划定城市开发边界，推动城市发展由外延扩张式向内涵提升式转变。城市交通、能源、供排水、供热、污水处理、垃圾处理等基础设施，要按照绿色循环低碳的理念进行规划建设。

公园城市作为全面体现新发展理念的城市发展高级形态，是将公园形态与城市空间有机融合，生产生活生态空间相宜、自然经济社会人文相融的复合系统，是人、城、境、业高度和谐统一的现代化城市形态。充分体现建设和谐宜居、富有活力、各具特色的现代化城市的会议精神。

6. 统筹政府、社会、市民三大主体，提高各方推动城市发展的积极性

城市发展要善于调动各方面的积极性、主动性、创造性，集聚促进城市发展正能量。要坚持协调协同，尽最大可能推动政府、社会、市民同心同向行动，使政府有形之手、市场无形之手、市民勤劳之手同向发力。政府要创新城市治理方式，特别是要注意加强城市精细化管理。要提高市民文明素质，尊重市民对城市发展决策的知情权、参与权、监督权，鼓励企业和市民通过各种方式参与城市建设、管理，真正实现城市共治共管、共建共享。

2.5.2 城乡统筹发展

在我国经济进入新常态、向着全面建成小康社会的目标迈进的关键时期，加强城乡统筹发展具有十分重要的意义。主要体现在：

1. 城乡统筹发展有利于全面建成小康社会

全面建成小康社会的核心是协调发展。我国的发展不仅要讲总量，更要讲质量、讲人均水平。从国际上看，一些国家经济总量虽不如我国，但在人均指标、发展的协调性方面，则比我国表现出明显的优势。从国内看，近年来，随着新型城镇化进程加快推进，我国农村人口虽然逐年减少，但乡村常住人口仍然接近7.45亿，占全国总人口的57.01%，比重依然较高，并且还有4300多万贫困人口。农村整体发展水平、人均收入水平、基本公共服务水平等都远远落后于城市，差距显著。农村是我国经济社会发展的短板，全面建成小康社会的关键也在于农民特别是贫困地区的农民是否能步入小康。如果广大农民、广大农村没有实现小康，就谈不上真正建成小康社会、全面建成小康社会，也经不起实践的检验和社会的评价。当然，统筹城乡发展不是要绝对拉平补齐城乡差距，事实上也很难完全拉平补齐，但是城乡差距不能太大。要缩小城乡差距、全面建成小康社会，必须通过统筹城乡发展来解决。

2. 城乡统筹发展有利于推进新型城镇化和农村现代化互促共进

新型城镇化建设与农村现代化建设是相辅相成、相得益彰的。城乡统筹发展水平高低与质量好坏，直接影响新型城镇化和农村现代化的水平与质量。一方面，农村现代化为新型城镇化提供了土地等重要的建设要素。没有农村土地的保障，城市的发展就没有新空间，城市建设需要新增大量的建设用地，每年国家安排的城市建设用地计划中，绝大部分是来源于农村的耕地。城市基础设施建设大多是由农民工承担的，没有农村提供的大量劳动力，城市就不能有效的运转，就没有日新月异的发展。没有农村提供的大量农产品的供应，城市就没有新鲜蔬菜、水果和粮食，城市居民的生活就会陷于困境，难以为继。总之，“三农”对城市发展的贡献是巨大的。另一方面，新型城镇化也有力地促进了农村现代化。城镇化发展有利于推进农村生产经营方式变革。我国农村人口众多，土地资源短缺，人均耕地仅0.09hm^2，农户户均土地经营规模约0.60hm^2，远远达不到农业规模化经营的门槛。在城乡二元体制下，土地规模化经营无法推行，传统生产经营方式难以改变，这是“三农”发展面临的一个根本性问题。新型城镇化发展推动了农村人口向城镇的转移，相应带来了农民人均资源占有量的增加，为促进农业生产规模化和机械化创造了条件。而城市企业进入农村则大大加速了实际推行的进程。另外，新型城镇化也从总体上提高了土地集约节约水平，从而提高了土地利用效率。城镇化的发展对农村具有较强辐射带动作用。我国城市辖地都不仅是单纯的城市，往往还包含着广大的农村。因此，从规划到操作的各个环节，城市发展与统筹城乡自然结合在一起，有利于促进农村加快发展。城镇化对农村的促进还表现为一种特殊形式，即一部分进城农民积累了一定资金和技术之后，往往会返乡创业，这种特殊的“逆城市化”现象也有利于推动新农村的建设。总体来说，城乡统筹发展能够有力有效地促进新型城镇化和新农村建设与农业现代化协调发展，是实现城乡一体化发展的重要途径。

3. 城乡统筹发展有利于促进区域协调发展

区域协调发展不是空洞的概念，它是资源要素和经济社会活动以空间为载体合理配置和有效运转的结果。区域发展的不协调，具体表现在东中西部地区之间及内部各地区之间的差距上。城乡是典型的区域类型，既体现着特殊的空间存在，又代表着不同的资源要素和经济社会活动的集聚与运转类型，因而，其发展状况直接决定区域发展的状况。换言之，城乡差距是区域差距的重要表现形式，而城乡协调发展是区域协调发展的核心内容，对区域协调发展具有决定性的推动作用。总体上讲，城乡统筹发展较好的地区，区域协调发展程度就比较高，如长三角、珠三角地区是城镇密集区，对农村辐射带动力度较大，区域整体发展比较平衡。反之，如果城市不强、农村较穷，区域发展也就比较落后，协调性也较差。如西北地区城市对农村的带动力度较小，区域整体发展相比东部地区差距较大。通过统筹城乡发展，促进生产资源要素和经济社会活动在城乡区域空间上均衡分布，有利于缩小城乡区域发展差距，推动形成区域协调发展新格局。

4. 城乡统筹发展有利于推进经济社会可持续发展

一方面，城市是我国各类要素资源和经济社会活动最集中的地方，城市建设是现代化建设的重要引擎。新型城镇化过程是农村人口向城市集聚、农业用地按相应规模转化为城市建设用地的过程。据测算，每一个农业转移人口市民化将带来年均 1 万元左右的消费需求和 2.2 万元的投资需求。所以，新型城镇化是消费需求的“倍增器”、投资需求的“加速器”，能够有效拉动经济增长，对农村发展具有很强的带动作用。统筹城乡发展，推动经济社会可持续发展，必须抓好城市这个“火车头”。另一方面，农业是发展基础，农村农业的现代化、农村人口基本公共服务均等化水平的提高，也将形成对经济社会发展的巨大推动作用。城市和农村虽然反差很大，但差距就是潜力，不足代表需求，落差形成势能。无论是在生产方面还是在消费方面，无论是在公共服务方面还是在个性需求方面，我国城乡区域间的人群在现实获得上都存在显著差异，填平补齐这种差异意味着巨大的市场空间或内在需求，将为推动城乡互动协调发展、推进经济社会发展持续向好提供强大动力。

2.5.3 国土空间规划

中华人民共和国成立以来，随着国家建设发展的不断推进，城市发展中城市规划所起的作用日渐显现。快速发展的社会与经济带动着我国城市化的进程，使得城市的规模不断扩大，人口也随之快速增长，对城市规划的布局提出了更多更高的要求，现代城市规划理论的引入使得城市规划更具理论支撑，能有效解决现代城市发展的问题及要求。当前，我国已进入新时期发展阶段，党的十八大战略提出，建立空间规划体系成为我国发展空间治理的主要措施和开展平台。

我国开展国土空间规划的构建是基于两个方面提出：一是为了实现“一张图”管控多种规划的矛盾问题；二是由于生态文明建设的提出而进一步管控国土问题。我国以前实行的空间规划包括住建部门主导的城乡规划、国土部门主导的土地利用规划和发展改革部门主导的主体功能区规划三大空间规划类型。规划之间牵扯政府部门多，各规划之间标准不一，导致协调难度大、规划落地性差的问题突出。其中，土地利用总体规划和城市总体规划之间关于建设用地指标的冲突矛盾尤为突出，因此，出现了大量规划需要调整的问题，不仅减弱了规划在顶层设计的权威性，而且对实际实施落地带来巨大的影响。只有国土空间规划的统一搭建，才能从问题的源头解决多种规划带来的矛盾。随着生态文明战略逐步上升为国家战略，因生态要素保护带来的国土全要素管控诉求日益强烈。2015 年中共中央 国务院印发《生态文明体制改革总体方案》，在强调对山水田林湖草的生态保护的同时，明确提出构建以空间规划为基础、以用途管制为主要手段的国土空间开发保护制度，编制统一的空间规划。国土空间规划的提出，是我国进行空间体系改革、搭建统一空间规划体系的重要措施。

2.5.4 小结

中央城市工作会议的召开、城乡统筹发展的提出以及国土空间规划的实施，充分体现了新时代背景下城市规划建设与发展的新指导思想与要求，对如何促进国家经济的健康发展、城市如何高质量建设、怎么创造人民高品质生活、有效推进生态文明建设等方面进行了有益的思考与实践，也成为公园城市理念形成的重要理论和实践基础。

第 3 章

公园城市的意义和价值

在新时代背景下，公园城市理念的提出具有重要的意义、作用和价值。它不仅在全面推进生态文明建设、应对百年未有之大变局、实现“两个一百年”奋斗目标方面具有重要战略意义，更对解决当前城市病等实际问题、推动城市高质量发展具有重要现实意义，具有多方面的实践价值，体现了未来城市发展的新方向和新要求。

3.1 公园城市的战略意义

3.1.1 生态文明时代，人类城市建设发展新范式

生态文明是指人类遵循人、自然、社会和谐发展这一客观规律而取得的物质与精神成果的总和；是指人与自然、人与人、人与社会和谐共生、良性循环、全面发展、持续繁荣为基本宗旨的文化伦理形态。生态文明是人类对传统文明形态，特别是工业文明进行深刻反思的成果，是人类文明形态和文明发展理念、道路、模式的重大进步。

生态文明的核心要素是公正、高效、和谐和人文发展。公正，就是要尊重自然权益，实现生态公正；保障人的权益，实现社会公正。高效，就是要寻求自然生态系统具有平衡和生产力的生态效率，经济生产系统具有低投入、无污染、高产出的经济效率，人类社会体系具有制度规范完善、运行平稳的社会效率。和谐，就是要谋求人与自然、人与人、人与社会的公平和谐，以及生产与消费、经济与社会、城乡和地区之间的协调发展。人文发展，就是要追求具有品质、品位、健康、尊严的崇高人格。公正是生态文明的基础，高效是生态文明的手段，和谐是生态文明的保障，人文发展是生态文明的终极目的。

生态文明时代，人类必须尽力改变自农业文明问世以来产生的严重分配不公，这是生态哲学思想的集中体现。生态哲学的核心思想概括为两点：

一是人与地球上的非人生物共同生活在一个共同体之中，人类的生存和发展依赖于地球生物圈的健康，人类不可继续以征服者的姿态对待大自然；二是人类应该承认，非人自然物也有内在价值，人类应该在尊重人权的同时，尊重非人物种的生存权。

在城市建设和发展方面，响应生态文明要求，重新审视和塑造人与城市的关系，坚持发展不以破坏自然环境为代价，在城市规划、建设和管理中贯彻生态哲学，坚持“五统筹一协调”，合理布局生产、生活、生态空间，实现城市的完整价值。同时，在城市建设和发展中，要充分注重公正和平等，让城市发展成果人人共享。

公园城市理论及其实践，基于对生态文明和生态哲学核心理念的充分把握，坚持“绿水青山就是金山银山”理念，坚持“人民城市人民建，人民城市为人民”的思想，城市建设和发展坚持生态良好、产业兴旺、生活富裕的总体要求，为城市居民营造宜居宜业的生态环境，持续提升城市综合服务水平和现代化治理能力，对保障中国城市绿色、可持续发展具有重要的战略意义。

3.1.2 百年未有之大变局背景下，城市建设发展新应对

百年未有之大变局，既指世界正在经历的大态势，也指中国面临的大态势，而且这两大态势是彼此影响、互为因果的。百年未有之大变局是中国共产党针对当前世界发展局势提出的重要论断，这一判断对于在新时期认识和判断国际局势，明确中国发展方向、制订相关任务计划，并进行中国国内外的决策有着重要的指导意义。

习近平总书记“百年未有之大变局”提出的出发点是中国的外交和国际关系、国际地位问题，不是讲一般意义上的发展问题，其内涵又是不断丰富和发展的。其中，世界政治版图的变化、科技革命的“蓬勃力量”和现代化发展路径的多元化等是其重要特征，这些将深刻影响我国社会主义建设的一系列重要决策。

如今，科学技术成为推动经济社会发展的第一推动力，也成为影响国家竞争力的核心力量。当今世界科技发展的主要特点有：一是移动互联、人工智能、云计算、大数据等新一代信息技术发展将带动一系列的产业发展和变革；二是与新能源、气候变化、海洋开发、空间开发等相关的技术创新更加密集；三是绿色经济、低碳技术等新兴产业蓬勃兴起，展现出了重大的科技

活力。当下，正在孕育兴起的新一轮科技革命将会对人类社会的生产方式产生重大影响：首先，信息技术将渗透到人们生活的各个领域，并发挥连锁效应；第二，生产将走向智能化、自动化，企业变革速度加快，不断催生出新的运营模式；第三，传统的低技能劳动会受到巨大冲击，传统产业的技术含量也将不断降低，这对全球的分工模式和产业格局、各国的比较优势和竞争力都将产生重要的影响。历史实践表明，科技革命和产业革命对任何国家而言，既是机遇，也是挑战。在此轮产业革命和科技革命浪潮中，必然会有一些国家脱颖而出，成为科技创新的引领者，国际竞争格局也将发生深刻调整。

在城市建设和发展方面，也必将深刻地受到“百年未有之大变局”的影响，换言之，科技革命的蓬勃发展和现代化多元路径需求，深刻影响着城市未来的形态和发展模式。一方面，在科技革命的背景下，移动互联、人工智能、云计算、大数据等新一代信息技术发展，将加速未来城市的产业发展和变革，极大地影响城市的产业调整和布局。绿色经济、低碳技术等新兴产业蓬勃兴起，必将极大地影响着未来城市的产业特征。另一方面，现代化的多元路径，使得城市必须依托自身资源禀赋、产业状况、文化积淀等方面，因地制宜地确立自身竞争优势和发展路径，实现绿色、高质量发展。

公园城市理论及其实践，基于对工业革命以来城市发展理论、路径和方式的系统思考和科学判断，及时把握“百年未有之大变局”给城市建设和发展带来的机遇，以及理念、方法和路径的变革影响，引导城市在发展定位、产业布局和发展路径上做出精明的选择和应对，对保障中国城市的绿色、可持续发展具有重要的战略意义。

3.1.3 第二个百年奋斗目标下，城市建设发展新格局

党的十九大报告清晰擘画全面建成社会主义现代化强国的时间表和路线图。在 2020 年全面建成小康社会、实现第一个百年奋斗目标的基础上，再奋斗 15 年，在 2035 年基本实现社会主义现代化。从 2035 年到本世纪中叶，在基本实现现代化的基础上，再奋斗 15 年，把我国建成富强民主文明和谐美丽的社会主义现代化强国。

《中共中央关于党的百年奋斗重大成就和历史经验的决议》指出，现在，党团结带领中国人民又踏上了实现第二个百年奋斗目标新的赶考之路。新的赶考之路上，我们必须毫不动摇坚持和发展中国特色社会主义，坚定

不移走自己的路，以中国式现代化推进中华民族伟大复兴。坚持党的基本理论、基本路线、基本方略，坚持系统观念，统筹推进“五位一体”总体布局、协调推进“四个全面”战略布局，立足新发展阶段、贯彻新发展理念、构建新发展格局、推动高质量发展，全面深化改革开放，促进共同富裕，推进科技自立自强，发展全过程人民民主，保障人民当家作主，坚持全面依法治国，坚持社会主义核心价值体系，坚持在发展中保障和改善民生，坚持人与自然和谐共生，统筹发展和安全，加快国防和军队现代化，协同推进人民富裕、国家强盛、中国美丽，不断推动构建人类命运共同体，努力使中国特色社会主义展现更加强大、更有说服力的真理力量。

城市建设是中国特色社会主义建设和美丽中国建设的重要内容。截至 2021 年末，中国常住人口城镇化率已超过 64.72%。城市建设和发展的现代化水平，在很大程度上决定了社会主义现代化的实现程度。以中国特色社会主义理论为指导，基于广泛而深刻的城镇化过程，中国的城市建设也有能力走出一条适合国情的城市发展道路。中国城市的未来发展，需要按照统筹推进“五位一体”总体布局、协调推进“四个全面”战略布局的要求，立足新发展阶段、贯彻新发展理念、构建新发展格局，推动高质量发展。

公园城市理论及其实践，基于社会主义现代化强国建设目标，认真研判城市在经济社会发展的重要地位，分析城市发展面临的问题和挑战，全面贯彻“创新、协调、绿色、开放、共享”新发展理念，按照中央城市工作会议确定的城市发展定位，坚持“人民城市人民建，人民城市为人民”的理念和“一尊重五统筹”的发展要求，全面谋划城市空间形态、城市发展动能、城市治理手段等，对构建适应第二个百年奋斗目标的城市发展格局具有重要战略意义。

3.1.4　应对气候变化挑战，城市低碳发展新路径

气候变化所导致的气温增高、海平面上升、极端天气与气候事件频发等，对自然生态系统和人类生存环境产生了严重影响。气候变化问题已引起全世界的广泛关注，成为当今人类社会亟待解决的重大问题。气温升高是气候变化的主要特征，而全球气候变暖与人类燃烧化石燃料造成的二氧化碳排放有关。为此，全球各国逐渐设定了降低二氧化碳排放的时间表，也就是通常所说的碳达峰碳中和计划。

2020年9月22日，习近平主席在第75届联合国大会一般性辩论上郑重宣示：中国将提高国家自主贡献力度，采取更加有力的政策和措施，二氧化碳排放力争于2030年前达到峰值，努力争取2060年前实现碳中和。实现碳达峰碳中和是以习近平同志为核心的党中央经过深思熟虑作出的重大战略决策，是事关中华民族永续发展和构建人类命运共同体的庄严承诺。此后的许多重要国际会议上，我国反复重申碳达峰碳中和承诺。我国已先后发布《2030年前碳达峰行动计划》和《关于完整准确全面贯彻新发展理念做好碳达峰碳中和工作的意见》等政策文件。

城市是人为温室气体排放的主角，约75%的人为温室气体是由城市排放的。实现碳中和，需要多方面的创新，政府自上而下的减碳可与行业自下而上的减碳形成互补，城市的新发展动力来自“碳中和”战略的实施。在应对气候变化、碳达峰碳中和背景下，城市的建设和发展必须考虑到气候变化和碳排放的系统化需求，寻求绿色低碳发展之路。

公园城市理论和实践，基于应对气候变化、碳达峰碳中和的系统化要求，以建立自然生态、安全韧性、美丽宜居的城市形态、发展模式和发展目标为愿景，着力构筑城市绿色生态本底，优化城市生产生态生活空间，以绿色生产为导向，优化城市产业结构和产业布局，创新产业技术，构筑绿色循环经济体系。同时，倡导绿色生活方式，倡导绿色交通、绿色消费等，构筑绿色低碳生活体系，对城市系统应对气候变化，实现低碳发展具有重要战略意义。

3.2 公园城市的现实意义

3.2.1 公园城市是新发展理念在城市发展中的全新实践

公园城市理念符合城市发展客观规律和新时代背景下的城市发展要求，将落实新发展理念作为其必须遵循的根本准则，把“创新作为第一动力、协调作为内生特点、绿色作为普遍形态、开放作为必由之路、共享作为根本目的”的要求贯穿城市发展始终，强调公园形态和城市空间的有机融合，使生产、生活、生态空间相宜，强力构筑城市生态本底，强化布局合理、功能完善的城市公园体系，突出公共空间与城市环境相融合，注重城园相融、产城相融与职住平衡，增植绿色循环产业，提倡生态节约、绿色低碳的城市生活方式，不仅可以有效治理“城市病”，也能完善城市功能，优化城市产业布局，提升城市风貌特色，改善城市人居环境，对于推动城市绿色发展具有重要现实意义，是新发展理念在城市建设发展中的生动实践。

3.2.2 公园城市是城市规划建设理论的重大突破

在传统城市发展中，强调以产业集聚推动城市发展，引导产业布局、空间布局、社会发展，实现城市快速发展。当前阶段，我国正从高速增长的城镇化率和大规模的城市扩张，转变为以存量更新和品质提升为主的城市发展新阶段。摈弃急功近利和大拆大建，转变规划建设理念和发展方式，更加注重宜居宜业环境与人的体验，成为当前和今后一段时期城市规划建设的主要特征。公园城市坚持以人民为中心的发展思想，将人本理念作为城市规划建设工作的思维起点，按照“人—城—产”的全新逻辑与系统整体观，强化“三生空间”的全域融合，塑造健康安全的绿色生态本底，打造舒适便捷的城市生活功能，提高城市的宜居品质和人的幸福感、获得感，引导城市发展从工业逻辑回归人本逻辑，从生产导向转向生活导向，从单纯追求经济价值转向全面彰显六大时代价值，即绿水青山的生态价值、诗意栖居的美学价值、以文化人的人文价值、绿色低碳的经济价值、简约健康的生活价值、美好生活的社会价值，全面体现“绿水青山就是金山银山”的理念和“一尊重五统筹”的城市工作总要求，对于开创城市建设发展新局面具有重大的现实意义，是城市规划建设理论的重大突破。

3.2.3 公园城市是满足人民美好生活需要的重要路径

随着中国特色社会主义进入新时代，我国社会主要矛盾已经转化为人民日益增长的美好生活需要和不平衡不充分的发展之间的矛盾，在总体实现小康的基础上，对经济、政治、文化、社会、生态等方面的需要日益增长。这既是我国社会生产力水平显著提高的必然结果，又对我国未来城市发展提出了更高要求。公园城市理念紧扣这一主要矛盾变化，坚持人民主体地位，突出以人民为中心的发展思想，聚焦人民日益增长的美好生活需要，坚持以人为核心推进城市建设，多方位提升城市公共服务水平，服务人的全面发展，强化高品质生活和高效能治理，为城市高质量发展、不断满足人民日益增长的美好生活需要提供了新路径。

3.2.4 公园城市是实现绿色生态价值的重要探索

公园城市坚定践行“绿水青山就是金山银山”的理念，全面体现生态价值，建立以产业生态化和生态产业化为主体的生态经济体系，注重全面体现绿色生态自身的生态环境价值及其提升带来的城市宜居价值、产业动力价值和创新集聚价值，最大化凸显生态的经济、生活、社会等综合价值，促进生态效益、经济效益和社会效益相统一，实现绿色生态产出效益的倍增和以市场为主的生态产品价值转化，是绿色生态价值转化的重要探索和实践。

3.2.5 公园城市是塑造新时代城市竞争优势的重要抓手

基于世界城市发展的客观规律，新时代背景下的城市核心竞争力将转变为人才、科技创新实力、宜居宜业品质等，同时也将更注重城市综合环境的提升，通过自然、经济、文化、制度等要素，吸引各种促进经济和社会发展的要素汇聚，持续优化以治理体系和治理能力现代化为保障的制度体系。公园城市理念顺应城市发展规律和趋势，突出城市的一体化与系统化发展，准确把握城市核心竞争力的转变，紧扣人才、创新体系、宜居宜业环境等核心要素，以营造高品质生态环境与生活环境、高质量发展环境为重点，推动城市可持续发展。依托自然生态环境和城市人文魅力，增强城市亲近感、认同感，吸引人才集聚，为城市注入生机、塑造优势，成为打造新时代城市竞争优势的重要抓手。

3.3　公园城市的实践价值

3.3.1　公园城市实践推动超大都市地区转型发展

经历了 40 多年的快速发展，我国超大城市、特大城市数量持续增长，如何针对人口密度高、建成面积大，城市问题复杂、治理难度高的超大、特大城市，解决城市病，推动绿色发展，成为国家关注的重要问题。

2021 年 5 月，中共中央办公厅、国务院办公厅印发了《关于推动城乡建设绿色发展的意见》(以下简称《意见》),《意见》要求促进区域和城市群绿色发展，推动建立健全区域和城市群绿色发展协调机制，统筹生产、生活、生态空间，建设与资源环境承载能力相匹配、重大风险防控相结合的空间格局。协同建设区域生态网络和绿道体系，衔接生态保护红线、环境质量底线、资源利用上线和生态环境准入清单，改善区域生态环境，并推进区域重大基础设施和公共服务设施共建共享，为我国城市群和特大城市绿色发展提出具体指导。

2022 年,《成都建设践行新发展理念的公园城市示范区总体方案》正式对外公布。这份由国务院批复同意，由国家发展改革委、自然资源部、住房和城乡建设部联合印发的方案，明确提出支持成都建设践行新发展理念的公园城市示范区，表明了公园城市在推动绿色发展中的实践价值——探索山水人城和谐相融新实践和超大特大城市转型发展新路径，公园城市将成为推动超大城市地区发展转型实践的集中体现。

3.3.2　公园城市实践推动高质量城市更新

近年，我国城镇化率已超 60%，城市发展已经从增量时代进入存量时代。正如住房和城乡建设部原总经济师杨保军所说，当前我国的城市建设，已经从关注增量扩张向存量优化提质转变，从过去解决“有没有”向现在解决“好不好”转变，评价的目标、诉求、标准都发生了变化。

国家“十四五”规划提出要加快转变城市发展方式，统筹城市规划建设管理，实施城市更新行动，推动城市空间结构优化和品质提升，要求按照资源环境承载能力合理确定城市规模和空间结构，统筹安排城市建设、产业发展、生态涵养、基础设施和公共服务，科学规划布局城市绿环绿廊绿楔绿道，推进生态修复和功能完善工程。

公园城市的实践面向城市高质量发展，符合当前存量规划建设与城市更新的总目标，不仅仅是新的发展区的探索，更重要的是更新存量土地资源，不论新城老城都能让人民享受到更好的自然生态环境和更公平的公共服务设施。这既是公园城市的要旨，也是城市高质量更新发展的实践目标。

3.3.3 公园城市实践完善城市治理模式

现代城市健康可持续发展需要现代治理模式，全面提升城市品质，提高城市治理水平。

国家“十四五”规划要求坚持党建引领、重心下移、科技赋能，不断提升城市治理科学化、精细化、智能化水平，推进市域社会治理现代化。倡导推动资源、管理、服务向街道社区下沉，加快建设现代社区；运用数字技术推动城市管理手段、管理模式、管理理念创新，精准高效地满足群众需求等。

公园城市实践坚持以人为本、生态优先，倡导多元主体参与，坚持美好生活共同缔造，围绕多元利益主体，寻求最大公约数，形成共同的发展理念、共同的行动纲领、共同的行动计划。公园城市践行人民城市人民建、人民城市为人民的思想，提供优质均衡的公共服务、便捷舒适的生活环境、人尽其才的就业创业机会，让所有人共享发展成果，提高多元人群的幸福感、满足感、获得感，使城市发展更有温度、人民生活更有质感。公园城市致力于创新城市治理理念、治理模式和治理手段，全面提升城市安全韧性水平和抵御冲击能力，使城市治理更加科学化、精细化、智能化，是完善城市现代治理模式的重要实践。

3.3.4　公园城市实践促进生态价值转化

2022 年，中共中央办公厅、国务院办公厅印发了《关于建立健全生态产品价值实现机制的意见》（以下简称《意见》），并发出通知。《意见》指出，建立健全生态产品价值实现机制，是践行"绿水青山就是金山银山"理念的关键路径，是从源头上推动生态环境领域国家治理体系和治理能力现代化的必然要求，对推动经济社会发展全面绿色转型具有重要意义。为加快推动建立健全生态产品价值实现机制，走出一条生态优先、绿色发展的新路子，《意见》认为，要积极提供更多优质生态产品满足人民日益增长的优美生态环境需要，深化生态产品供给侧结构性改革，不断丰富生态产品价值实现路径，培育绿色转型发展的新业态新模式，让良好生态环境成为经济社会持续健康发展的有力支撑。

浙江大学张清宇团队在研究中指出，公园城市的建设不仅是城市发展的需求，更是美丽中国建设背景下经济社会环境发展的需求，同时也是"美丽中国"中"美丽"的重要组成部分。公园城市以人与自然和谐共生为核心，尊重支持服务、文化服务、调节服务和发展服务等城市生态价值，推动基于城市尺度的"绿水青山就是金山银山"理念重要探索，不断优化城市高质量发展和自然生态环境高质量保护的协同发展关系，从而让城市形成"望得见山、看得见水、记得住乡愁"的"美丽"形态。为此，公园城市本身也是实现生态价值转化的重要实践探索。

3.4　城市发展的新方向、新要求

2020 年，中央首次提出，中国将提高国家自主贡献力度，采取更加有力的政策和措施，二氧化碳排放力争于 2030 年前达到峰值，努力争取 2060 年前实现碳中和（简称"双碳"目标）。我国国土空间规划体系建立了一套

“国家、省、市、县、乡镇”的五级目标传导机制，通过国土空间规划技术的调整，自下而上落实“双碳”发展战略。在此基础上，国家提出要构建以国内大循环为主体，国内国际双循环相互促进的新发展格局，并将其纳入国家“十四五”规划，“双碳”“双循环”等背景下城市的发展迎来新的机遇。随着城镇化、工业化的推进，城市的规模越来越大，当前社会经济面临快速转型和科技大变革，传统城市规划体系在快速适应和发展方面后劲不足，城市发展提出了新的要求及发展方向，强调系统思维，战略规划、多规合一，强调创新规划引导与空间响应，关注公平、包容视角下的街区重塑和社区规划，强调利益相关者意识和公共参与治理，强调环境优化、绿色、可持续、低碳。

3.4.1 城市发展新的要求

1. 创新城市经济导向的产业升级

创新城市经济导向带动产业升级的典型案例是奥斯陆。曾经奥斯陆是以流量枢纽为中心的城市构成，核心是航运，围绕航运，奥斯陆实现了一系列经济意义上的产业布局和产业管理，围绕航运功能，以流量枢纽为中心发展城市功能。当今的奥斯陆城市功能定位完全不同，内容基本上没有变化，但是经过了组合的方式，图 3-1 中奥斯陆的核心枢纽是研究、创新、

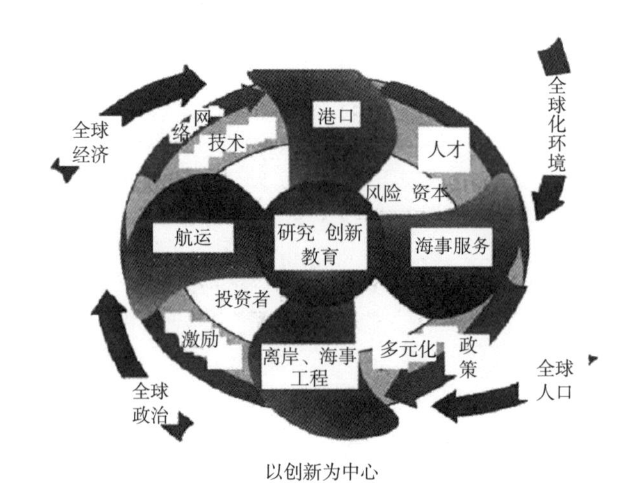

图 3-1 奥斯陆产业经济结构变迁图
（屠启宇．国际城市蓝皮书：国际城市发展报告（2015）[M].
北京：社会科学文献出版社，2015.）

教育。围绕这三个方面，奥斯陆城市进行布局和把控。

此外以“法兰克福2030”规划为例，“法兰克福2030”提出了网络城市主题，通过创新城市经济导向带来城市发展的产业升级，主要体现以下几个方面：

①通过企业在大学和研究机构的投资，促进法兰克福生物技术产业发展。

②发挥法兰克福处于德国和欧洲城市中心位置及多种模式交通联系的优势，发展金融、企业服务、通信技术和媒体、贸易物流和交通管理服务业。

③创新经济公司由于城市国际化和接近客户而受益，广告、公关、软件和游戏等产业将获得巨大发展机会。

④以博览业带动景点、商业、旅游等产业的快速发展。

2. 包容性导向的城市社会升级

未来城市的发展涉及多元利益相关者，不同利益相关群体间要求和需求各不相同。包容性导向的城市社会升级可以助推城市建设的发展，例如约翰内斯堡2030规划，城市的发展主要围绕“安全、包容”为主题（图3–2），主要达成4项目标：

图3–2　约翰内斯堡城市建设
（诺埃伦·默里，李路珂.约翰内斯堡，一座城市中的冲突世界[J].世界建筑，2005，（02）：41–43.）

①提升生活品质，推动以发展为基础的包容性社会。

②提供一个宜居和可持续的城市环境，使城市基础设施可支撑低碳经济。

③成为一个就业充分和充满竞争力的经济体，激发个人潜能。

④建设一个高效积极的政府，带动区域发展并具备国际竞争力。

3. 文化复兴为指引的城市文化升级

当下城市化进程快速发展中，文化不仅指城市的一些传统文化，还包括城市内部的文化资源、文化基因等深层次的含义。

（1）城市的文化导向再梳理。文化全球化与地方化的争论在城市发展中寻求平衡点，即是服务于国际经理人以及创意阶层，还是关注社会底层大众及邻里社会的需求。在社会文化意义上，处于全球化潮流的当代城市天然具有追求大都会风格、绅士化的倾向。随着城市的崛起，城市社会文化“天平”将更多向本土因素倾斜。关注弱势人群、培植草根文化、缓解城市马赛克化、防止社会严重对立，将成为城市文化规划服务的主要方向。

（2）城市文化规划要义。“文化规划”就是实施文化导向的城市创新战略实践，即在对城市文化资源深刻认知的基础上，探讨城市文化资源如何有助于城市的整体发展，从而进行鉴别创新项目、设计创新计划、整合各种资源、指导创新战略实施的过程。

（3）城市文化规划实践。文化规划已在全球范围开展，成为城市战略规划的核心组成部分。芝加哥在1986年和1995年分别实施了两轮文化战略规划，其中，明确提出文化规划应该渗透于芝加哥都市区规划的各个方面；伦敦市自2004年以来连续制定了三份文化战略规划，并将文化战略规划确定为城市八大战略规划之一；欧盟“欧洲文化之都”计划已支持超过40个欧盟城市（其中不乏中小城市）开展文化规划；新加坡自1999年以来制定了三个阶段的“文艺复兴城市”规划，2015年将其升级为“智慧国”战略。

4. 绿色低碳运行的城市生态升级

低碳理念全面整合了之前的环保、绿色、可持续发展等思想，成为近年来关于全球发展的新范式、新规则。在一些基本诉求（基本特征、功能设计、生产和消费行为、空间规划和城市尺度）上，传统城市同低碳城市存在着相当鲜明的差异。就传统城市而言，流量枢纽和空间大节点是基本特征，其主要参与全球化背景下的国际化分工，空间规划按照不同功能分区进行划分；对于低碳城市，其更关注资源环境可持续发展，以及低碳足迹，其功能设计以就近满足为原则，提倡当地化消费模式，空间规划更注重混合式布局，城市规模适应同资源环境承载力规模相当的布局匹配。

早在2015巴黎气候大会之前，在主权国家层面的低碳发展处于低潮之际，城市作为地方行政主体，在低碳发展议题上整体体现了超前于国家主体的变革决心，先后成立ICLEI、C40等城市或地方政府间国际协作网络，采取减排协同行动，体现了城市在低碳发展上的领先性。“地方环境倡议国际理事会”（ICLEI）拥有来自85个国家的超过1000个城市或地方政府成员。国际城市间组织（C40）提出宗旨：“为什么是城市？因为城市拥有改变世界的权利，作为全球的通信、商务和文化中心，城市自行行动和集体行动有能力为可持续的未来铺平道路”。目前 C40 已汇集了全球 75 个大城市，GDP 占到全球的 25%，人口占到全球的 1/12，采取了超过 8000 项减排措施促进城市低碳发展。

在低碳城市生态升级背景下，巴黎提出 2030 规划愿景：确保 21 世纪的全球吸引力、新发展模式、活力、可持续。推进巴黎“新发展模式”：以整体协调发展和强大的大都市区域为目标，以可持续发展为基础，走向欧洲和世界。实现以下两个目标：一是改善居民日常生活（住房、就业、服务、交通、空间环境），个人主义和以人为本；二是改善巴黎大都市功能。

5. 关注市民幸福指数的城市治理升级

国民幸福总值（GNH），已然从主观体验上升为继国内生产总值（GDP）、国家生产总值（GNP）和人类发展指数（HDI）之后，又一个得到多方肯定的可测度的发展评价标杆。针对加拿大城市幸福感的研究中，发现多伦多（年收入中位数近 8 万加元）、温哥华（年收入中位数超过 6.5 万加元）等主要大城市的生活满意度并没有超过多数中小城市（年收入中位数集中在 5 万至 6 万加元），同时，大城市的活力与机会仍能吸引人们“放弃”幸福，承受收入差距、居住、交通等种种“痛苦”，去追求自身更高层次的价值实现。

在关注市民幸福的背景下，首尔市提出城市新的发展方向：到 2030 年，打造沟通与关怀的幸福市民城市，强调以“沟通与关怀”为核心，为最终打造成为市民幸福的城市而努力。《2030 首尔计划》由“五大核心问题计划”和关于空间规划的“空间计划”组成，涵盖强化全球竞争力、调节地区发展不均衡等宏观问题，以及与福利、文化、交通等市民生活相关的内容。五大核心问题包括：①无差别共存的爱心城市；②就业活力型全球都市；③蕴藏历史的文化城市；④绿色发展的生态城市；⑤安居乐业的城市社区。

6. 公园城市建设新动力

“公园城市”的提出源于城市需求，建设公园城市更是一次具有前瞻性的实践，生态文明背景下的公园城市实践展现出了充分的生机与活力。从构建与自然和谐融合的城市格局，到修复“山水林田湖草”的自然生态，再到搭建“青山绿道蓝网”的生态骨架，最后到提升居民在城市中的生活幸福指数，这些都是公园城市建设的实践成效，但是围绕建设践行新发展理念的公园城市，还有几个关键点：

①如何既彰显城市特质，又能体现普遍的示范价值，凸显示范引领作用。

②如何有效推动生态优先、绿色发展，既能率先实现碳达峰碳中和，又能实现更高质量的发展。

③如何科学实践生态导向的城市发展模式，创新构建公园城市生态价值转化机制，推动公园城市持续发展。

上述内容尚需公园城市研究者和实践者的共同努力探索。

3.4.2 智慧城市

随着数据驱动世界、算法决胜未来进程的加快，我们已经面临着新的技术革命，云计算、大数据、AI、IOT和区块链以及量子计算等技术在改变人类社会的底层架构，在此之上，不确定性成为新常态，变化成了唯一的不变。智慧城市已成为未来城市发展的新常态。

随着信息技术的快速推进，射频传感技术、物联网技术、云计算技术、下一代通信技术在内的新一代信息技术，让城市变得更易于被感知，城市资源更易于被充分整合，在此基础上实现对城市的精细化和智能化管理，从而减少资源消耗，减轻环境污染，解决交通拥堵，消除安全隐患，最终实现城市的可持续发展。

1. 智慧城市的建设理念

智慧城市是新形势下城市发展建设的升级、优化，其在建设理念上提出了新的要求：

（1）从以信息化建设为目标到以城市可持续发展为目标，新时期背景下，建设出发点应回归城市和市民，通过新一代信息通信技术，与城市发展深度融合，迭代演进，实现经济、社会、自然资源与生态环境的协调、可持续发展。

（2）从关注项目建设到关注建设成效，城市建设应注重建设成效，建设项目数量、建成与否、技术复杂程度并非衡量成功的标准，建设效果、城市居民的获得感才是核心的评价标准。

（3）从政府功能范畴到城市功能范畴，智慧城市建设的服务对象、建设目标和范围都需要扩展：面向群众，提供更为便捷、公平的城市服务；

面向实业，营造更为便利化的营商环境，促进开源创新的产业经济发展；面向政府，支持高效有序、安全可靠的城市治理，保障稳定有序的社会运行；面向社会，打造绿色低碳的生态环境和丰富健康的文化生活。

图 3-3　智慧城市模型示意图

2. 智慧城市的特征

自 2010 年 12 月国家“863 计划”中发布“智慧城市”主题项目开始，上海、深圳等城市相继开展智慧城市建设工作（图 3-3）。智慧城市的核心是以一种更智慧的方法，利用以大数据、物联网、云计算等为核心的新一代信息技术，来改变政府、企业和人们相互交往的方式，其对于民生、环保、公共安全、城市服务、工商业活动在内的各种需求做出快速、智能的响应，提高城市运行效率，为居民创造更美好的城市生活。从城市建设的角度看，智慧城市主要有四个方面特征：

（1）智慧城市是城市经济转型发展的转换器。智慧城市是继数字城市和智能城市后的城市信息化高级形态，被认为是一种具有新特征、新要素和新内容的城市结构和发展模式，是以知识为基础、信息为前导、网络为手段、高新技术为支柱，全面带动传统产业升级，培植新的经济增长点，并广泛覆盖社会经济文化生活的一种全新的经济形态。其具备经济上健康合理可持续、生活上和谐安全更舒适、管理上科技智能信息化的特征。

（2）智慧城市是信息化、工业化与城镇化的深度融合。信息化是城镇化、工业化发展到一定历史阶段的产物，是城镇化与工业化互助互进的直接成果，城镇化是信息化的主要载体和依托。信息化能够通过信息技术对城市的协作效应（与城市发展协同并进）、替代效应（信息传递减少或取代人员的流动）、衍生效应（促进城市经济发展）和增强效应（提高原有物质形态网络的功能）来对城镇化产生作用。

（3）智慧城市是城市治理的新模式。智慧城市建设有助于更智能地规划和管理城市，保护城市生态和环境，合理公平地分配人力资源、社会资源、信息资源、自然资源等。通过在人力和社会资本、交通、通信设施方面投资，来实现对这些资源及自然资源的科学管理，实现参与式的城市治理。

（4）智慧城市是信息技术的创新与应用。以物联网为核心的智慧城市，是新一代信息技术对城市自然、经济、社会系统进行智能化改造的结果。智慧城市是在数字地球的基础上，通过物联网将现实世界与虚拟数字世界进行有效的融合，建立一个可视、可量测、可感知、可控制的智能化城市管理与运营机制，以感知现实世界中人和物的各种状态和变化，并由云计算中心完成其海量和复杂的计算与控制，为城市管理和社会公众提供各种智能化的服务。

智慧城市是城市信息化的高级形态，智慧城市建设有利于实现经济、社会、生态的可持续发展；以信息技术为基础，依托信息产业发展和技术创新应用，推动城市经济社会发展模式转型和城市治理的现代化；通过整合各种信息资源，全面提升城市居民的生活质量和幸福指数。这就要求城市发展既要在技术上实现透彻感知、互联互通和深入智能，更要实现城市经济、生活和管理上的全面"智慧"。

3. 智慧城市的建设内容

新型智慧城市建设的愿景是实现以用户创新、开放创新、大众创新、协同创新为特征的可持续创新，强调通过价值创造，从而对民生、环保、公共安全、城市服务、工商业活动在内的各种需求做出智能响应，以人为本，实现经济、社会、环境的全面可持续发展。新型智慧城市应用系统涵盖了智慧政府、智慧交通、智慧民生、智慧经济 、智慧产业等领域的智慧化。

（1）智慧政府

政府的四大职能是经济调节、市场监管、社会管理和公共服务。智慧政府就是要实现上述职能的数字化、网络化、智能化、精细化、社会化。与传统电子政务相比，智慧政府具有透彻感知、快速反应、主动服务、科学决策、以人为本等特征。智慧政府不仅利用物联网、云计算、移动互联网、人工智能、数据挖掘、知识管理等技术，还强调以用户创新、大众创新、开放创新、共同创新为特征，提高政府办公、监管、服务、决策的智能化水平，形成高效、敏捷、便民的新型政府。智慧政府是电子政务发展的高级阶段，是提高执政能力的重要手段。

（2）智慧交通

智慧交通是在整个交通运输领域充分利用物联网、空间感知、云计算、移动互联网等新一代信息技术，综合运用交通科学、系统方法、人工智能、知识挖掘等理论与工具，以全面感知、深度融合、主动服务、科学决策为目标，通过建设实时的动态信息服务体系，深度挖掘交通运输相关数据，形成问题分析模型，实现行业资源配置优化能力、公共决策能力、行业管理能力、公众服务能力的提升，推动交通运输更安全、更高效、更便捷、更经济、更环保、更舒适地运行和发展，带动交通运输相关产业转型、升级。

智慧交通系统以国家智能交通系统体系框架为指导，旨在建成高效、安全、环保、舒适、文明的智慧交通与运输体系，大幅度提高城市交通运输系统的管理水平和运行效率，为出行者提供全方位的交通信息服务和便利、高效、快捷、经济、安全、人性、智能的交通运输服务；为交通管理部门和相关企业提供及时、准确、全面和充分的信息支持和信息化决策支持。

（3）智慧民生

智慧民生是以民生内容为核心、民政建设为基础，采用一个中心、多平台的总体架构。一个中心即民政数据中心，多平台为公共服务平台、业务管理平台、决策分析平台等。通过信息资源整合，优化业务流程，改进管理方式，转变工作方法，提高工作效率，构建完备的民政信息化建设体系，使各级政府部门更好地为人民群众提供福利、救助、救灾等社会事务。其主要包括智慧健康服务、智慧养老服务、智慧家居、智慧社区等。

（4）智慧经济

智慧经济是已有的知识经济的升华，智慧经济概念使知识经济的概念全面化、系统化、功能化、可操作化，使知识经济成为完整的、真正意义上的经济形态。

（5）智慧产业

智慧产业建设的总体目标是从城市社会、环境、经济等各方面资源基础和优势出发，面向智慧城市建设的巨大需求，把发展智慧产业放在推进城市转型提升的突出位置。积极探索智慧产业发展规律，发挥企业主体作用，加大政策扶持力度，深化体制机制改革，着力营造良好环境，推动智慧产业快速健康发展，为智慧城市建设和城市经济社会可持续发展提供有力支撑。智慧产业的主要内容包括智慧应用技术研发、智慧装备制造、光通信、移动通信、集成电路、新型显示、应用电子以及云计算产业等。

智慧城市建设背景下，公园城市建设要求城市公共空间更新不是空间的扩张，亦不是场所的重建，是空间中追求“质”的提升，需要在保持原有特色的同时，顺应数字化的时代发展，满足城市现代化管理和新的生活方式改变下的人的更高的使用需求，发挥更大的景观价值和生态效益，提供便捷的公共服务与社会管理，打造舒适宜人的环境，保护城市生态体系。智慧化景观在传统城市存量公共空间中的更新升级，不仅是城市空间信息智能化建设的必然要求，也是公园城市未来建设的重要方向，在其实施的策略上，结合现有智慧景观建设案例，具体表现为以下三方面：

一是协调城市智慧生态，构建智慧景观网络。智慧化的更新建设是在传统城市公共空间的基础上，通过新一代互联网科技、云计算、物联网、人工智能等技术的应用，整合场地现实条件与发展需求等要素，解决城市公共空间当前的问题，构建城市公共空间场地动态的全方位感知、场地数据的收集与分析、景观系统的互联互通、空间环境的智慧化响应、人与公共设施的智能化融合等。位于上海杨浦区的创智天地知识型社区，原区域为上海的工业老城区，城区建筑与公共环境不能匹配当前的上海城市整体发展，在杨浦区政府的全力支持下，园区规划建设“大创智绿轴”，通过城市微更新，打造线性森林景观。位于绿轴中部的中央绿地，作为核心区域的活力激发点，打造为大创智数字公园，发散出创业成长轴、城市智慧交通轴、绿色生态景观轴三条轴线，通过社区绿化开放共享、智慧化空间服务、智慧交通、交互景观、智慧生态农园等，共同营造出高品质的创新智慧城市环境。

二是传承场地精神，挖掘历史人文内涵。智慧化更新并不是将原有场地推翻重建，而是在其基础上对生态环境、景观质量、服务品质、管理效率进行智能的改造设计，这也更能体现出智慧城市建设的先进之处。城市公共空间是城市建设发展的见证，是城市居民的生活记忆载体。更多公共空间的景观建设也表达着城市的历史风貌和人文内涵。在智慧景观的更新上，要注重场地精神的传承，通过景观的设计保留时空的记忆，通过对城市历史人文元素的提取凝练，注重科创赋能，用“新科技”守护“旧文物”，设计出更能代表城市底蕴与内涵的公共景观。

三是优化空间服务系统，重视人性需求，增强景观智能体验。城市公共空间的景观重构体现在景观的智慧化更新。传统的城市公共空间在满足人的需求方面大多数是被动的，即在场地内提供相应的空间与设施后，由人去选择性使用。智慧景观是在人与空间环境之间，搭建智慧桥梁，实现人与空间的共建共享、互感互知。景观设计应重视空间中不同年龄阶段人群与性别的多样化需求、信息智能化功能的需求；在场地中构建智能交互化的公共艺术景观与服务设施，增强人在公共空间中的交往与学习，让人在空间中更有参与感、体验感。北京海淀公园作为全国首个AI科技主题公园，园区在空间景观上注重互动科普、识别感应、智慧共享等，注重景观节点打造，如智慧雨水花园、AR互动景观、沉浸式五感景观、智慧跑道、5G智能座椅、无人共享车、互动投影、跳跳喷泉等，让游人体会与景观互动带来的全新乐趣。

城市公共空间应搭建智慧服务与管理平台，植入系统化信息管理基础设施建设。智慧服务系统在空间景观中的应用主要是解决游客的体验需求，例如场地交互地图系统、红外感应导览科普、智慧化交通与售卖系统、智能卫生间等。智能化管理系统包括环境质量监测系统、信息感知与收集系统、智能灌溉养护系统、雨水收集与净化展示系统、智慧照明与语音系统、智慧停车与安防系统、智慧机器人等。通过空间信息数据统计、分析和处理的同时，结合智能化系统应用，实现对城市公共空间整体的智能化管理以及服务品质的提升。

3.4.3　促进碳达峰碳中和

中央经济工作会议明确将“做好碳达峰、碳中和工作”列为2021年的重点任务之一。碳达峰、碳中和也成为2021年两会的热点词之一。同年，第五届国际城市可持续发展高层论坛在成都召开，主题是“公园城市迈向碳中和”。

公园城市是秉承新时代新发展理念，营建城市新形态，探索城市发展新路径，推动生态价值的创造性转换。碳中和与公园城市在可持续特性上，具有相同的价值取向和目标取向，为城市面向未来探索可持续发展新形态，提供生态文明新范式。

主要可以分为以下三个步骤：推动绿色制造，打造绿色生活，坚持绿色发展。推动绿色制造的重点在于，推进发展“清洁能源+”产业，强化能源总量和强度“双控”。建立一个绿色低碳的经济体系，以及一个节能减排、清洁高效的能源体系，促进社会发展向绿色转型。打造绿色生活的重点在于，从日常生活中的垃圾管理和绿色出行、绿色建筑等方面，达到绿色减排的目标，在低碳生活的同时，也对城市的基础设施有了更高的要求。坚持绿色发展的重点在于，低碳技术创新，开发新能源，立足于公园城市的生态本底，建设、完善生态区和绿化体系，同时建立相应的制度体系作

图 3-4　海口博鳌零碳图

为支撑。在“绿色、循环、低碳”理念的指导下，我国有一批绿色发展示范区率先开始了“零碳新城”的建设（图 3-4）。

绿色发展是制造业可持续发展的内在要求，是实现先进生产、宜居生活、优美生态和谐统一的根本途径，也是做好碳达峰、碳中和工作的关键。在公园城市的大背景下，要坚持以践行新发展理念的公园城市示范区建设为统领，以绿色制造体系建设、提升新基建新经济为重点，在产业生态化上走在前列；加快发展节能环保、清洁生产、新能源等重点产业，在生态产业化上走在前列；充分发挥资源要素优势，创新产业生态价值，在发展市场化上走在前列。

公园城市首先是绿色的，其建设载体在园，核心在人，公园城市是人民绿色共享的城市，也是拥有高品质和谐宜居生活环境的城市。公园城市顺应时代发展的潮流，对于实现碳达峰、碳中和目标具有积极作用，具体表现为以下两方面。

（1）科学增绿，增加碳汇能力。从各大城市公园，再到街头巷尾的社区公园、微绿地等，公园城市对整个城市的生态系统进行分层设计，既发挥了生态效益，又优化了城市环境，对实现碳达峰、碳中和具有重大意义。公园城市具有优美的公园形态和科学合理的空间布局，创建了大量绿色空间，着力于在城市中科学增绿，不断提升城市的生态碳汇能力。

（2）全民参与，绿色生活。公园城市体现了以人民为中心的发展思想，在推进碳达峰、碳中和的工作中，引导市民共建共享，倡导绿色生活，推进节能减排工作。公园城市的建设，满足市民出门见绿的需求，为市民创造了优美的居住环境，实现了发展成果由市民共享的目标。城市的主体是人，为实现“双碳”目标，倡导市民群众主动参与并践行绿色低碳，从而减少人均排碳量。

同时，在碳中和城市建设探索过程中，也促进了公园城市的进一步优化。公园城市不断探索低碳节能发展新模式，在各种场景中融入低碳发展理念。各大城市持续推进能源结构优化，加快产业结构升级，以绿色低碳技术创新赋能绿色产业加快发展，促进了城市的转型升级，实现了城市的可持续发展；其次，加快构建“轨道 + 公交 + 慢行”绿色交通体系、优化公园绿地等举措，为市民提供了宜居城市环境，满足了人们对于美好生活的向往，使得人民畅享绿色幸福生活，共享绿色低碳发展带来的成果。

3.4.4　新城建设

与传统的城市建设模式不同，公园城市在建设过程中更注重治理城市环境，以及改善居住条件，城市公园不再是独立的个体，而是公园形态与城市的结构融合，由公园将城市的生态、生产、生活等方面进行有机整合。那么，应该如何在公园城市的理念指导下进行新城建设？2021 年，针对上海

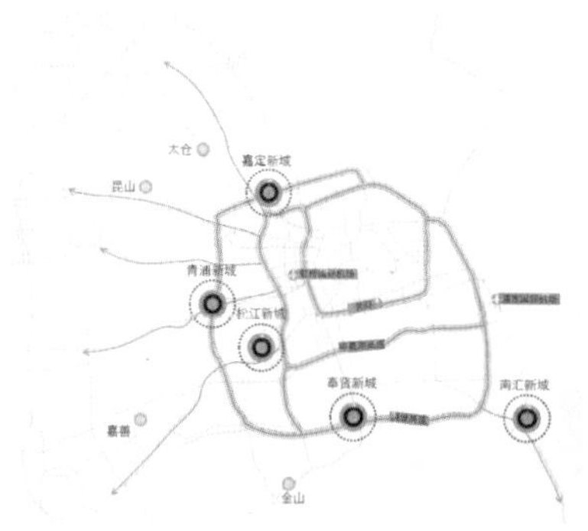

图 3-5　上海五大新城布局

图 3-6　上海科创新城总体形态

（孟鸽．公园城市理念下上海嘉定徐行科创新城设计实践探析 [J]. 中外建筑，2022，（05）：61-66.）

的“五个新城”建设，构建上海大都市圈（图 3–5、图 3–6），围绕“公园城市”主题展开的“世界城市日上海新城建设主题论坛”中明确提出，要致力于打造公园城市，要通过依托城市独特的生态禀赋，将生态与人文进一步叠加和融合，以提高城市的开发品质，满足人民群众对高品质生活的追求。

现已有诸多新城规划的项目实践，在建设中均贯彻公园城市的理念，而深究这之中与传统城市发展模式的不同，主要有以下三个要点：

1. 城市和公园的关系：“城园交融”

公园城市的建设不同于传统模式中的在城市中营建互不关联的公园，而是建立城市公园相互联系的空间系统。把城市建设和公园规划统合考量，绿色空间并不再是城市建设的附属品。在公园城市理念下的城市建设，必将优先依照城市原本的生态基底进行规划，在对城市的生态现状进行保护的基础上，因地制宜地建设公园、廊道等绿色基础设施，让城市的生态体系更加完善，并在此基础上进行灰色基础设施建设，完善城市的功能。以环境优先，将绿地体系与城市空间布局相结合。

2. 以人为本

公园城市建设的核心要义是提高居民生活质量，进而提升居民幸福指数。因此，在满足公园面积和绿地率等硬指标的同时，更应“以人为本”，从人的感受出发，通过绿色生态环境的营造、城市服务设施的完备、多元化产业的均衡发展等，为当地居民建造出真正宜居的生活环境，为城市的发展增添人气，体现出公园城市的社会价值。

3. 注重文化积淀

公园城市在建设过程中，更应注重提升城市的文化底蕴和人文内涵。当今城市发展中“千城一面”的问题十分普遍。公园城市提倡在客观的绿地空间创造和修复的同时，更不容忽视该城市的文化底蕴和地方情怀。绿色生态发展离不开城市本源的历史文化背景。因此，城市建设应采用绿色生态与多元文化相结合的形式，挖掘每个城市独有的特色和魅力。

公园城市在管理、经营城市的思想理念方面做出了重要革新，在园林城市、生态园林城市等发展模式的基础上，进一步提升了生态文明和绿色发展的目标和内涵。其对新城建设的意义具体体现在以下几个方面。

（1）转换城市规划方向。公园城市的提出，促使城市建设以规划公园的格局优化、发展城市空间结构。突破以往“建设优先，绿色填空”的传统模式，将城市绿色空间进行优先考虑，把城市融入绿色环境之中，实现从“城市里建公园”向“公园里建城市”的转变。在新城构建过程中，考虑通过绿色网络、绿色廊道、立体绿化等不同类型的公园绿色开放空间，构建城市发展的绿色基地和绿色基础设施。基于此，最终实现优化城市空间布局、完善城市生态体系、提升环境品质的目标，突出绿地与城市功能的协同互补发展。

（2）用管理公园的要求保护生态资源。公园城市的建设需要保护城市内外的生态资源，实现城市与自然的连通和融合。由于城市的高强度建设和发展，城市与外部自然环境出现割裂的状态。基于此，公园城市的建设，也为城市的发展和建设指明了方向。新城建设需充分利用城市内部现有的绿地资源，通过水系、道路、绿地等串联城市外部自然，形成“城在绿中、城绿交融”的城市绿地格局，保证城市内外的生态能量和物质的流通与交换，同时也优化城市生态环境，提高人们的生活质量。

（3）改变城市建设思路。公园城市的提出，为新城建设提供了新的思路和参考。打造公园般的城市生活环境，坚持以人民为中心的发展思想，为市民提供方便、安全、舒适、优美的绿色空间。同时，通过公园城市的经营，向广大市民科普生态理念及绿色知识，积极引导市民开展绿色生活，推动全民向绿色低碳、文明健康的生活方式转变，不断扩大市民在城市规划、建设和管理中的参与度，让人民共享绿色福利，共建绿色家园。

3.4.5　城市更新

随着城市化进程推进，城市发展从增量主导渐渐变成存量更新。在这个过程中，公园城市理念如何引领城市更新的新方向，成为人们关注的话题。旧城改造的同时，城市的历史文脉、传统文化空间、舒适的人居环境以及影响社会经济发展的各种设施都必须保留，与此同时，必须要体现出公园城市的“生态”“宜居”，以及所提倡的“人、城、境、业”和谐统一的新型城市公园化空间。成都市中心城区已经率先开始了公园城市理念指导下的城市有机更新（图 3–7）。其具体包含“公园化”“公园 +”“公园绿道”等战略。

1.“公园化”

公园城市的要求是赋予公园多种使用功能，配置多种设施，将公园复合利用。其又分成功能区的公园化和社区的公园化。功能区的公园化是将

图 3-7　成都温江区的城市更新风貌
（牟晋森 . 基于整体发展逻辑的“公园城市”设计逻辑探讨——以成都九里片区城市更新为例 [J]. 规划师论丛，2022，（00）：253-263.）

图 3-8　土耳其安卡拉公园集市实例
（李思扬 . 地摊空间治理的城市设计方法研究 [D]. 北京：北京交通大学，2022.）

旧城中“生产、消费”的区域融入公园，在公园中实现一种新的社会业态，将“产—城—人”模式转变为“人—城—产”，在满足功能区正常运作的前提下，打造环境、服务共生的“公园型功能区”。而社区的公园化则是将公园、绿道等绿色基础设施加入老旧社区改造规划，打造“社区中的公园，公园中的社区”，以增加绿色空间为手段，提高社区居民的居住环境水平为目标，提升环境对公众的服务。

2. “公园 +”

“公园 +”这一概念说明公园不但是一个绿色空间，还为居民带来了由其衍生的各种可能。如“公园 + 活动”，立足于居民百姓的日常生活的活动需求，将碎片化的绿地空间进行整合，面向居民提供交流、休闲、娱乐等设施的场所，提升了地域活力；又如“公园 + 经济”，通过设置服务设施或临时摊位（图 3-8），吸引市民驻足，还可促进公园空间的复合利用，推动地区经济发展。公园不仅仅提供了人们休憩的使用空间，更是展现出了多重利用的方式。

3. “公园绿道”

将公园与城市基础设施相结合，打造生态化的交通手段。将城市中的轨道交通系统，与绿地资源结合，使城市的各个功能组团能够有机结合在一起，构建一个“公园绿道”体系（图 3-9）。

公园城市理念已成为新常态下生态文明建设、城市绿色发展与城市更新转型的重要手段，公园城市的建设对于促进城市更新具有鲜明的指导作用，在此背景下，城市更新应考虑以下策略。

图 3-9　公园绿道中的骑行道

（1）立足生态文明建设，以城园融合为导向拓展无边界公园。首先，要不断完善城市公园体系的建设，在保护城市自然生态本底的基础上，凸显地域风貌，彰显城市个性化，务求实现配置的层次化、分布的均匀化、功能的完善化、类型的齐全化，促使市民能够出门见绿。其次，不断优化绿色共享空间，合理增绿，不断推动公园模式的创新探索。最后，构建起织补城市绿色空间的绿道绿廊网络，将城市绿道打造为连接自然和人文底蕴的纽带，在合理利用及保护的基础上，进行城市的有机更新，建设环境亲和性城市廊道体系。

（2）积极转变营城理念，以人居合宜为目标开展场景营造。首先，进行城市更新要为民众营造舒适便利的生活环境。从城市功能要素的健全入手，为市民营造公园般的生活环境，密切结合居民日常生活的需要，科学配置绿色共享空间。其次，强化城市安全韧性，基于公园城市背景下进行城市更新设计，要切实增强城市抵御相关灾害与威胁的能力，建立健全综合防灾体系，始终遵循“安全第一”的原则。

（3）依托文化创意驱动，挖掘地域资源以提高人文审美情趣。公园城市依托所在城市的历史文脉，深入挖掘其中的人文底蕴，给绿色共享空间增添丰富的文化韵味，即在进行城市更新设计时，应为文化元素预留充足的发展空间，针对部分较为珍贵的区域文化资源，可在此基础上直接进行设计，促使其更为自然地融入城市生态环境之中。与此同时，要融入现代文化元素，考虑现代文化元素同传统文化元素、整体城市布局之间的内在协调性，务求三者相辅相成，相得益彰。

第 4 章

公园城市的建设探索

全国众多城市积极推动和参与公园城市的探索实践。2018 年以来，成都、深圳、上海、广州、杭州、苏州等城市分别提出了建设公园城市的发展目标，据不完全统计，截至 2022 年底，全国近百个城市（城区）先后开展了公园城市建设实践（表 4–1）。

已开展公园城市建设实践的城市（城区） **表 4–1**

城市（城区）	相关法规、政策和指导文件	实践特征
成都	《成都建设践行新发展理念的公园城市示范区总体方案》《成都市美丽宜居公园城市建设条例》《成都市美丽宜居公园城市规划（2018—2035 年）》《成都市美丽宜居公园城市规划及规划建设导则》《成都市天府绿道规划建设方案》《成都公园城市“两山”发展指数》《中国公园城市指数 2023》等	形成系列理念探索、政策法规、规划技术、建设实践等成果；多层次、多维度、系统性、全方位推动公园城市建设，实践成果和经验丰富
上海	《关于推进上海市公园城市建设的指导意见》《上海市公园城市规划建设导则》《上海市“十四五”期间公园城市建设实施方案》《上海市生态空间专项规划（2021—2035）》《关于加快推进环城生态公园带规划建设的实施意见》等	市委市政府出台相关政策、规范性文件；编制公园城市总体规划，从蓝绿空间、公园绿地、生态环境保护、城市风貌等方面制定重点任务；将公园城市纳入总体目标、“十四五”规划、年度计划等进行推动，取得突出成果
深圳	《深圳市公园城市规划纲要（2020—2035）》《深圳市公园建设发展专项规划（2021—2035 年）》《深圳市公园城市建设总体规划暨三年行动计划（2022—2024 年）》《深圳市绿道网（“鹏城万里”多层次户外步道体系）专项规划（2024—2035 年）》等	
青岛	《关于组织实施青岛市公园城市建设规划（2021—2035 年）的通知》《青岛市公园城市建设三年攻坚行动方案（2022—2024 年）》《青岛市公园城市建设规划（2021—2035 年）》等	
咸宁	《咸宁市全域公园城市建设规划纲要》《咸宁市主城区公园城市十大行动计划》《公园城市建设指南》《咸宁市自然生态公园城市专项规划（2021—2035）》等	
淄博	《淄博市人民政府关于建设全域公园城市的意见》《淄博市全域公园城市建设规划》《淄博市全域公园城市建设管理条例》等	
柳州	《柳州市城中区 2020 年推进造林绿化工作加快公园城市建设实施方案》《柳州市公园城市建设总体规划（2021—2035）》《公园城市建设试点工作实施方案》《柳州市公园广场条例》等	
鄂尔多斯	《加快建设生态宜居公园城市的指导意见》《鄂尔多斯市全域公园城市总体规划》等	
武汉	《武汉市生态环境保护“十四五”规划》	
宜昌	《宜昌市住房和城乡建设事业发展“十四五”规则》	
十堰	《十堰市国民经济和社会发展第十四个五年规划和 2035 年远景目标纲要》	

续表

城市（城区）	相关法规、政策和指导文件	实践特征
杭州	《杭州市区加快公园城市建设三年行动计划（2022—2024 年）》	单一部门推动，或单一部门为主、其他部门协同推进建设；将公园城市列入专项规划，制定方案计划，主要围绕园林绿化相关领域进行建设和实践
济南	《济南市“十四五”园林和林业绿化发展规划》	
连云港	《连云港市建设公园城市行动方案》《连云港市公园城市示范区近期建设规划》	
泸州	《泸州市中心城区公园城市规划》	
梧州	《梧州市公园城市建设试点总体规划（2021—2035）》	
苏州	《苏州市“公园城市”建设指导意见》	
重庆市云阳县	《加快建设公园城市标杆地的实施意见》《全域山地公园城市建设规划》	城市部分区域实践，划定试点区域，制定试点方案及试点项目；侧重公园体系建设、城市绿化等领域
重庆市两江新区	《两江新区公园城市规划建设三年行动计划》《重庆两江新区公园建设导则》《重庆两江新区公园更新导则》	
广州市黄埔区	《关于推进广州市公园城市建设的指导意见》《黄埔区、广州开发区推动全域公园城市建设工作行动方案》	
长春市九台区	《九台区公园城市建设规划》	
东营市东营区	《东营市关于建设公园城市的意见》《东营区推动公园城市建设工作的实施意见》	

4.1　公园城市建设的成都实践

2018 年以来，成都市全面落实习近平总书记对四川及成都工作系列重要指示精神，围绕促进人与自然和谐共生，树立和践行“绿水青山就是金山银山”的理念，从“公园城市首提地”到“践行新发展理念的公园城市示范区”，全力打造人、城、境、业高度和谐统一的美丽宜居公园城市，坚持以人民为中心，以新发展理念为“魂”，以公园城市为“形”，统筹发展和安全，将“绿水青山就是金山银山”贯穿城市发展全过程，推动生态文明与经济社会发展相得益彰，促进城市风貌与公园形态交织相融，着力创造宜居美好生活、增进公园城市民生福祉，着力营造宜业优良环境、激发公园城市经济活力，着力健全现代治理体系、增强公园城市治理效能，实现高质量发展、高品质生活、高效能治理，打造山水人城和谐相融的公园城市，为建设中国特色现代化城市提供成都范例。成都围绕公园城市创新形成了公园城市理论体系、空间治理体系、技术标准体系和一系列建设实践。

4.1.1 主要历程

2018 年 2 月，习近平总书记在天府新区考察时指出，天府新区是“一带一路”建设和长江经济带发展的重要节点，一定要规划好建设好，特别是要突出公园城市特点，把生态价值考虑进去，努力打造新的增长极，建设内陆开放经济高地。习近平总书记的讲话，为成都城市建设指明了方向。

2018 年 7 月 13 日，成都市委十三届三次全会做出《关于深入贯彻落实习近平总书记来川视察重要指示精神 加快建设美丽宜居公园城市的决定》，全面启动公园城市建设。

2019 年 4 月 22 日，成都举办首届“公园城市论坛”，发布《公园城市成都共识 2019》。随着《成都市美丽宜居公园城市规划》的编制完成，美丽宜居公园城市建设全面铺开。此后，《成都市美丽宜居公园城市规划建设导则（试行）》等一系列标准体系相继编制完成并发布实施。

2020 年 1 月，习近平总书记在中央财经委员会第六次会议上提出“支持成都建设践行新发展理念的公园城市示范区”。同年 7 月，成都出台《成都市美丽宜居公园城市建设条例》，这是全国首部公园城市建设法规。10 月，第二届“公园城市论坛”举办，发布的全国首个《公园城市指数（框架体系）》为公园城市工作提供了“度量标尺”。12 月，四川省委、省政府印发《关于支持成都建设践行新发展理念的公园城市示范区的意见》。成都加快建设美丽宜居公园城市，公园城市特点初步显现。

2022 年 1 月，国务院正式批复同意成都建设践行新发展理念的公园城市示范区。3 月，国家发展改革委、自然资源部、住房和城乡建设部发布《成都建设践行新发展理念的公园城市示范区总体方案》。成都公园城市示范区建设获得国家层面的认可和支持。根据该方案，到 2025 年，成都公园城市示范区建设将取得明显成效；到 2035 年，公园城市示范区建设全面完成。

4.1.2 主要进展和成效

成都公园城市建设已进入第五个年头，取得一系列阶段性成果。第一，构建了公园城市支撑体系。初步形成公园城市理论构架，初步形成公园城市规划技术标准体系，初步构建以绿色发展为导向的目标考核机制。第二，塑造了公园城市空间形态基础。坚持厚植公园城市生态本底，推动城市格局由“两山夹一城”向“一山连两翼”转变，塑造蓝绿交织、城园相融的公园城市形态。第三，创新了公园城市价值转化。创新生态资源市场化运营模式，实施“老公园·新活力”提升行动计划，加快公益性园林转型升级，探索构建近期投入产出平衡、远期生态价值持续放大的长效机制。第四，探索了公园城市营城模式。深入推进“三治一增”，打好“三大保卫战”，加快构建“轨道 + 公交 + 慢行”绿色交通体系，坚持“绿色 +”，大力推行 TOD、EOD 开发模式。

从“公园城市首提地”到“践行新发展理念的公园城市示范区”，成都对公园城市的概念内涵做了分析和解读，重点从厚植绿色生态本底、塑造公园城市优美形态，创造宜居美好生活、增进公园城市民生福祉，营造宜业优良环境、激发公园城市经济活力，健全现代治理体系、增强公园城市治理效能四大方面着力建设公园城市，探索山水人城和谐相融新实践和超大特大城市转型发展新路径。成都公园城市建设成效主要体现在：

1. 构建了公园城市支撑体系并不断完善

从 2019 年 1 月创新组建公园城市建设管理局，到 2021 年 7 月出台《成都市美丽宜居公园城市建设条例》，成都着力推进理论研究、规划与标准编制、政策制定等，初步构建了公园城市理论研究、规划技术、指标评价、政策法规体系。

成都率先开展公园城市相关理论研究。与联合国人居署、清华大学环境学院、中国城市规划设计研究院等国内外多个领域的知名研究机构建立长期合作关系，系统开展理论研究与技术创新。自 2018 年以来，先后完成了“习近平新时代中国特色社会主义思想指引下公园城市建设新模式研究”“公园城市内涵研究”“公园城市的公园形态研究”“公园城市消费场景研究”“公园城市对市民生活品质影响的研究”“公园城市与人居环境高质量发展”等数十项研究成果，出版了多部理论成果和实践总结著作，为公园城市建设提供了重要理论指引。

成都系统推进公园城市相关规划，在“三级三类”国土空间规划体系基础上，构建了由《成都市美丽宜居公园城市规划》、各区（市）县公园城市建设规划、示范片区规划和示范点实施规划共同组成的多层次公园城市建设规划体系，并组织和完成了公园城市建设规划和相关专项规划工作。

成都初步建立起公园城市的建设细则和标准体系。聚焦生态本底、空间格局、以人为本、绿色发展、低碳生活、价值转换、安全韧性、可持续发展等重点领域，形成了一套涵盖 5 大类、25 小类技术管理规定及规划建设导则的公园城市技术标准体系，如围绕街道建设，制定了《成都市公园城市街道一体化设计导则》；围绕公园社区建设，制定了《成都市公园社区规划导则》；围绕社区生活，制定了《成都市公园城市社区生活圈公服设施规划导则》，确保公园城市在各方面的建设都有技术指引等。

成都探索建立了公园城市评价指标体系。先后开展“公园城市指标体系的国际经验与趋势研究”“公园城市指数研究”“公园城市‘两山’发展指数”等研究。2020 年，发布《公园城市指数（框架体系）》，聚焦和谐共生、品质生活、绿色发展、文化传扬、现代治理五大维度，从 15 个方面为公园城市建设提供目标导航和“度量标尺”。

成都优先做好公园城市顶层设计，持续制定发布相关政策和法规文件，构建了公园城市政策法规体系。2018 年 7 月，成都发布《关于深入贯彻落实习近平总书记来川视察重要指示精神 加快建设美丽宜居公园城市的决定》，全面启动公园城市建设。2021 年 1 月，成都市委、市政府出台《关于建立公园城市国土空间规划体系 全面提升空间治理能力的实施意见》，成为公园城市建设的纲领性文件。同年 7 月，《成都市美丽宜居公园城市建设条例》出台，成为全国首部公园城市建设法规。这些政策法规为系统推进公园城市建设提供了坚实保障。

成都优化完善公园城市建设管理机构。2019 年 1 月，成都创新组建成都市公园城市建设管理局，并设置成都天府公园城市研究院、成都市公园城市建设发展研究院等专业机构。区县级公园城市建设管理机构也相应组建完成。为保障公园城市建设有序推进，成都加强干部培训和目标考核，将公园城市目标和愿景落实到“幸福美好生活十大工程”进行实施，并纳入各级党委政府的绩效，持续开展评估。

此外，成都市在全面推进公园城市建设过程中，坚持上下互动，统一行动。市委、市政府高位推动，全市干部群众共同参与，形成合力。积极引智借力，组建专家顾问团队和专业团队。召开公园城市论坛和系列学术研讨会等，形成强有力的技术支撑。持续组织公园城市大讲堂，开展干部培训，统一思想和行动。加强公园城市宣传，举办系列公园城市文化活动，吸引市民参与，将政策决策变为全体市民的自觉行动。通过这些举措，形成了公园城市建设的良好社会氛围，为各项工作的推动发挥了重要作用。

2. 构建了公园城市空间形态并不断优化

成都市创新城市规划理念，坚定落实国家主体功能区战略，推动城市发展格局由“两山夹一城”优化为“一山连两翼”，促进公园形态与城市空间有机融合。成都市坚持以城市功能为导向，优化配置空间资源，做优做强中心城区、城市新区、郊区新城，加快构建基本功能就近满足、核心功能互相支撑、特色功能优势彰显的多中心、网络化、组团式发展格局。

成都依托自然山水，通过“五绿润城”示范工程，进一步塑造公园城市优美形态。重点建设 1275km^2 的龙泉山城市森林公园“绿心”（图 4–1）、1459km^2 的大熊猫国家公园“绿肺”、1.69 万 km 的天府绿道“绿脉”（图 4–2）、133km^2 的环城生态公园“绿环”和 33.8km^2 的锦江公园“绿轴”等。主要以龙门山、龙泉山等自然山体来构筑公园城市竖向景观、立体画卷，规划布局望山视线通廊，“窗含西岭千秋雪”昔日景色逐步恢复并渐成常态（图 4–3）。

图 4–1　成都市龙泉山城市森林公园

图 4–2　成都锦江绿道

图 4-3 雪山下的公园城市

成都推进全域增绿。大熊猫国家公园、龙泉山城市森林公园、环城生态公园、锦江公园和天府绿道等重大生态工程建设有序推进，城市绿化“增量提质”，通过规划建绿、拆违增绿、见缝插绿、拆墙透绿等措施，系统梳理、全面推进绿地均衡建设。实施“青山”修复行动，推进天府绿道“结链成网”，逐步构建区域级、城区级、社区级三级绿道体系。持续推进绿道与地铁、公交、快速路接口交通接驳，提升社区绿道路网密度。截至目前，成都已初步构建全域公园体系。已建成天府绿道 6000 余公里，环城生态公园 100km 一级绿道已全面贯通，为城市戴上了“绿项链”。

成都依托岷江、沱江建设城市生态蓝网系统，加强水资源保护、水环境治理、水生态修复，提高水网密度，打造功能复合的亲水滨水空间（图 4-4）。统筹建设自然公园、郊野公园、城市公园，均衡布局社区公园，着力新增口袋公园、小微绿地，促进城绿渗透、城园融合。

成都持续探索公园城市发展模式。积极探索公共交通为导向的城市开发模式（TOD），以公共交通枢纽和车站为核心，通过高效、混合的土地利用，将商业、住宅、办公、酒店等设置在其周围 400~800m 半径范围内，使居民能够通过步行或骑车的方式到达集商业、文化、教育、住宅为一体的城区。

3. 创新了公园城市价值转化并不断完善

近年来，成都生态本底不断夯实，生态价值加速转化，各类场景融入生活。

图 4–4　成都兴隆湖

厚植生态本底，为成都发展带来了生态价值多元转换的无限创意可能。以城市品质提升平衡建设投入，以消费场景营造平衡管护费用。通过开展生态环境导向（EOD）开发模式试点，成都已打造出天府锦城、锦江公园等国家级生态价值转化示范区 10 个，夜游锦江、沸腾小镇等生态价值转化场景 380 个，营造“金角银边”场景 300 余个（图 4–5）。

图 4–5　“金角银边”场景

成都组织开展“绿色生态价值研究”“公园城市公共健康价值研究”“成都市公园城市生态价值转化路径、方法、策略研究”“成都市公园城市 EOD 城市发展模式指标、评价和配套政策体系研究”“成都市公园城市 EOD 规划建设方案研究”等，探索公园城市价值内涵、公园城市价值转化机制和路径，探索公园城市建设目标下的 EOD 城市发展模式。

4. 探索了公园城市营城模式并不断提升

成都组织开展“公园城市对市民生活品质影响的研究”“公园城市消费场景研究”“公园城市与城市品牌价值研究”“基于‘五态协同’理念的成都公园城市规划模式研究”等。

围绕“场景营城”的核心理念，成都在 2021 年发布了文旅消费十大类

185个新场景和165个新产品，全面释放成都文旅消费新机遇。成都将公园城市目标和愿景落实到“幸福美好生活十大工程”进行实施，营造宜业双创环境。蓬勃的经济活力，吸引了“孔雀西南飞”。乘势利导探路现代治理，探索公园化社区形态和治理途径，推动公园城市乡村表达等，使城市幸福指数和综合竞争力不断提升。

结合城市生态空间优化，不断完善城市功能，方便市民生活，提升城市形象。推进城乡社区发展治理，实施“幸福美好生活十大工程”，基本公共服务体系不断健全，“一老一小”服务体系逐步建立，“一刻钟便民生活圈”逐渐覆盖全市。建成新时代文明实践中心3000余个，连续五届荣获全国文明城市称号。城市音乐厅、天府艺术公园等文化地标相继建成，实体书店、博物馆数量均位居全国城市前茅。

通过公园城市建设，成都综合竞争力不断提升，连续13年位居“中国最具幸福感城市”榜首。英国智库全球化及世界城市研究网（Globalization and World Cities Research Network，简称GaWC）2020年度报告在世界城市范围内，评出50个一线城市，91个二线城市。成都位居超二线城市。同年，在新一线城市研究所《2020城市商业魅力排行榜》（基于商业资源集聚度、城市枢纽性、城市人活跃度、生活方式多样性和未来可塑性五大指标对中国内地337座地级及以上城市进行评估排位）中，成都位列新一线城市首位。

4.1.3 规划和展望

2021年11月，《成都市国民经济和社会发展第十四个五年规划和二〇三五年远景目标纲要》（以下简称《纲要》）发布。根据《纲要》，在“十四五”期间，成都持续推动建设践行新发展理念的公园城市示范区，提高城市可持续发展的综合承载力，推动城市空间结构、整体形态、发展方式、营城路径全方位深层次转变。构建产城融合、职住平衡的城市新空间，绿道蓝网、天清气朗的城市新形态，生态优先、绿色发展的城市新范式，崇尚自然、节约集约的生活新风尚。同时，成都将持续涵养生态、美化生活，塑造蓝绿交织、城园相融的城市形态，夯实承载幸福美好生活的生态本底，促进城市自然有序生长。《成都市公园城市建设发展“十四五”规划》也已编制完成并发布实施。

2022年1月，成都发布《关于以实现碳达峰碳中和目标为引领 优化空间产业交通能源结构 促进城市绿色低碳发展的决定》，对碳达峰碳中和背景下的公园城市建设，进行了全面部署。2022年3月，《成都建设践行新发展理念的公园城市示范区总体方案》(以下简称《总体方案》)发布。《总体方案》提出了未来公园城市建设总体要求：厚植绿色生态本底，塑造公园城市优美形态；创造宜居美好生活，增进公园城市民生福祉；营造宜业优良环境，激发公园城市经济活力；健全现代治理体系，增强公园城市治理效能。

《总体方案》明确了成都建设公园城市示范区的发展定位，分别为：

(1)城市践行“绿水青山就是金山银山”理念的示范区。把良好生态环境作为最普惠的民生福祉，将好山好水好风光融入城市，坚持生态优先、绿色发展，以水而定、量水而行，充分挖掘释放生态产品价值，推动生态优势转化为发展优势，使城市在大自然中有机生长，率先塑造城园相融、蓝绿交织的优美格局。

(2)城市人民宜居宜业的示范区。践行人民城市人民建、人民城市为人民的理念，提供优质均衡的公共服务、便捷舒适的生活环境、人尽其才的就业创业机会，使城市发展更有温度、人民生活更有质感、城乡融合更为深入，率先打造人民美好生活的幸福家园。

(3)城市治理现代化的示范区。践行一流城市要有一流治理的理念，推动城市治理体系和治理能力现代化，创新治理理念、治理模式、治理手段，全面提升安全韧性水平和抵御冲击能力，使城市治理更加科学化、精细化、智能化，率先探索符合超大特大城市特点和发展规律的治理路径。

当前，成都正加紧落实《总体方案》，制定了行动计划，全力推进公园城市示范区建设。2022年5月，《成都建设践行新发展理念的公园城市示范区行动计划(2021—2025年)》发布，对公园城市建设任务进行细化，提出推进实施27个方面、69项具体行动措施。同年6月，《成都市优化空间结构促进城市绿色低碳发展行动方案》发布，以建设践行新发展理念的公园城市示范区为统领，持续优化公园城市国土空间开发保护格局、功能体系和空间结构，推动实现公园城市内涵式发展，形成节约资源和保护环境的空间格局、产业结构、生产方式、生活方式，增强国土空间治理能力。

4.2 公园城市建设的广泛实践

4.2.1 贵阳市千园之城建设实践

自 2014 年以来，贵阳市实施公园城市工程，着力构建森林公园、湿地公园、城市公园、山体公园、社区公园五位一体的城市公园体系，打造“一城百山千园”城市格局，于 2018 年建成各类公园 1025 个，实现了“千园之城”发展目标，以此推动了贵阳城市生态品质的显著提升。

1. 主要历程和建设成效

2014 年末，贵阳市委九届四次全体（扩大）会议通过《关于全面实施“六大工程”打造贵阳发展升级版的决定》。该决定明确提出，依托全省优质资源最集中、要素组合最好、吸引吸附能力最强的区域，贵阳要打造发展升级版，应抢抓大数据时代、高铁时代、区域合作时代三大机遇，从工业革命时代的“落后者”变成互联网时代、大数据时代的“同行者”甚至“领跑者”，实施公园城市工程等六大工程。通过公园城市工程，确保升级版建设成果让群众看得见、摸得着、感受得到。该决定还确定了贵阳 2020 年建成“千园之城”的目标，构建森林公园、湿地公园、城市公园、山体公园、社区公园五位一体的城市公园体系，确保 2020 年全市有 1000 个左右的各类公园，城市绿化覆盖率达 50% 以上，建成区人均绿地面积达 17m^2。2015 年，贵阳发布《贵阳市推进“千园之城”建设行动计划》，着力通过城市公园体系建设，形成贵阳特色的公园城市。

同期开展的贵阳市绿地系统规划专题研究——贵阳市建设公园城市途径研究指出，实现公园城市的贵阳生态梦，必须紧紧围绕两大方面、18 个指标。18 个指标具体包括立体绿化普及、精品化工程建设、绿地率、绿化覆盖率、人均公园绿地面积、公园服务半径覆盖率、万人综合公园指数、各区人均公园绿地面积、大于等于公顷植物数量、国家级公园数量、城市居民对公园建设满意度 11 个有量化标准的指标，以及其他 7 个需满足要求的相关指标。

2016 年，《贵阳市公园城市建设总体规划（2015—2020）》编制完成。

该规划依托贵阳优良本底资源，创新城市规划建设管理理念，以“疏老城、建新城”为核心推进城市建设，以建设城市公园为核心提升城市品位，为人民群众创造宜居的生活环境。

图 4–6　贵阳市花溪国家湿地公园

贵阳市自 2015 年启动“千园之城”建设以来，着力构建贴近生活、服务群众的生态公园体系，全市新建森林公园、湿地公园、山体公园、城市公园、社区公园等各类公园（图 4–6、图 4–7）。截至 2022 年，贵阳市建成区绿地率为 41.25%，绿化覆盖率为 43.29%，人均公园绿地面积达 14.85m^2。

贵阳中心城区以城市公园为核心，山体、森林、湿地为基础，生态景观廊道相贯通的城市生态网络体系为依托，形成“两环、三脉、五廊、千园”的空间布局结构，打造“山环水抱，林城相融；公园棋布、绿廊环绕”的城市空间特色（图 4–8）。同时，贵阳着力规划打造老城风貌展示区、现代都市活力区、科教文化休闲区、生态人文体验区、工业景观协调区 5 个特色功能分区。

贵阳的公园建设不仅体现在全市层面，也已纳入区级工作部署。近年来，花溪区着力打造“千园之城 · 百园之区”，充分利用森林、湿地、山体等自然资源和绿色空间，构建“全域为园，全城为景”的城市空间形态。森林覆盖率提高到 54.95%，空气质量优良率达 99.1%，饮用水源和地表水达标率均为 100%；投入 10 余亿元建设 89 个公园，建成区绿地率达到

图 4–7　阿哈湖湿地公园

图 4–8　贵阳市观山湖公园

50.88%……花溪区一边积淀厚实的生态家底，一边加紧培育绿色产业，将生态优势转换为产业优势、竞争优势，让绿水青山释放更多生态红利。

2. 规划和展望

2021年，贵阳市绿地系统专项规划启动编制。同年，贵阳市发布《贵阳贵安“强省会”行动生态提升工作方案》，多措并举，以新增绿地为抓手，开展绿地提升提质，拟于2025年前，新增城市绿地500万m^2。“十四五”期间，贵阳还将加快构建“生态环境一本账、环境管理一张图、污染监督一张网”的生态环境管理系统和现代环境治理体系，依托城市山脉、水系、绿地，统筹山水林田湖草系统治理。

根据《观山湖区“十四五”城市园林绿化发展专项规划》，观山湖区将以公园城市的新理念，推进“千园之城·百园城区”的建设，持续提高城镇绿化建设水平，为省市乃至全国提供生态园林绿化建设蓝本。

4.2.2 深圳市公园城市建设实践

自深圳特区设立至2020年，经过四十年建设，深圳先后获得国家园林城市、国际花园城市、生态园林城市等称号。面积不足2000km^2的深圳，如今却拥有大大小小的各类公园1000多个，平均2km^2就有一个公园，深圳因此也成为“千园之城”“公园里的城市”。

1. 主要历程和建设成效

近年来，深圳践行新发展理念，加快建设人与自然和谐共生的美丽深圳。在城市建设和现代化治理中，积极探索深圳特色的公园城市建设模式，拓展公园城市内涵，创新公园建设机制，转变投资理念，引入国际竞赛机制、代建制，积极吸引国内外一流团队参与公园设计与建设，让公园设计更艺术、多元、有趣。深圳将公园与街区进行融合设计，使公园空间持续融入城市界面，以前“在城市里寻找公园”，如今“在公园里遇见城市”。

在公园城市建设改造中，莲花山公园、荔枝公园、中心公园等拆除了原来临街的老旧围栏和绿篱，重新衔接了公园内外的交通流线，使公园与城市公共空间自然地融为一体；福田园岭片区等打开封闭绿地，建成上步绿廊公园带，让公园与街道相融；连接莲花山公园、笔架山公园的空中廊桥贯通，公园互连互通；越来越多的公园巴士，线路连通公园、社区、商圈，与城市交织融合（图4–9、图4–10）。

图 4-9　深圳市莲花山公园

图 4-10　深圳市荔枝公园

深圳持续推进城市绿道体系建设，以绿道连接产业、科技、商圈、创意、人文区域与公园、山林、水系、郊野绿色空间，打造“绿道上的公园城市”，提升市民的幸福感和获得感。深圳大力实施“山海连城”计划，多条山海通廊陆续建成。远足径串联起深圳最具代表性的生态资源，让市民徒步山林海岸，与自然相拥（图 4-11）。

图 4–11　深圳市银湖山郊野公园内郊野径

此外，深圳不断完善提升公园配套功能和文化品位。市属公园已配备安装急救设备 AED，建设母婴室；多家公园实现线上一键预约停车；引进大型餐饮服务连锁品牌进驻深圳湾等公园；在莲花山公园等公园推出周末消费市集；全市 41 个公园设置了帐篷区；举办粤港澳大湾区花展、人民公园月季花展、洪湖公园荷花展、莲花山公园簕杜鹃花展和东湖公园菊花展等（图 4–12）。

面向未来，深圳逐步迈向全球卓著的公园城市，向世界展示更自然健康、更公平共享、更魅力独特、更具有人文关怀的国际化公园城市形象。理想图景是将整个深圳建设成为一个大公园，着力打造“一园之城”。

2. 规划和展望

围绕“一园之城”目标，深圳进行了一系列准备。先后编制了《深圳公园城市规划纲要（2020—2035）》《深圳市公园建设发展专项规划（2021—2035 年）》《深圳市公园城市建设总体规划暨三年行动计划（2022—2024 年）》等一系列统领性规划，以及《深圳市打造“世界著名花城”五年行动计划（2021—2025）》《深圳市绿道网专项规划》《深圳市碧道建设总体规划（2020—2035）年》《深圳市郊野径分类分级研究》等市、区级配套规划和研究，为深圳的公园体系和生态网络建设奠定了坚实基础。

图 4-12　深圳市洪湖公园的荷花

《深圳公园城市规划纲要（2020—2035）》指出，深圳将持续增加公园数量、提升公园品质，将营造世界级的公园城市景观，打造一批世界名园。到 2035 年，深圳全市公园总数力争达到 1500 个，建成社区花园 3000 个以上，建设郊野径 500km 以上，使城市绿色资源价值充分释放，人人享有优质的绿色空间，生物多样性明显提升，人与自然高度融合。而且，通过公园城市建设，使深圳成为更健康、更美丽、更具野性和人文关怀的国际化公园城市。根据该纲要，深圳将围绕五大方面开展一系列综合的城市建设行动：一是连接山海城，让更多的人亲近自然；二是打造公园生活圈，让人们在公园里生活与工作；三是提升公园品质，创造适合每个人的公园；四是建设美丽深圳，营造一个处处是景的城市；五是共商、共建、共治与共享，共同营造我们的公园城市。

《深圳市公园城市建设总体规划暨三年行动计划（2022—2024 年）》强调了深圳建设公园城市的基本原则：坚持生态优先、绿色发展，坚持厉行节约、量力而行，坚持因地制宜、回归自然，坚持信息公开、问计于民；同时，要突出城市韧性、完善生态功能、强化环境保护、加强历史文化体验、优化生态廊道布局、提升户外活动的环境品质。深圳的公园城市建设更加突显“公”字，体现公共资源的共享共惠、公共空间的共美共建、公共服务的共商共管。该规划充分衔接了深圳国土空间总体规划确定的全域空间结构，锚固“四带八片多廊”生态空间格局，融合“一核多心网络化”城市开发格局，以“一脊一带二十廊”为骨架，蓝绿织网，全域营建，重点建设提升 12 个自然郊野公园，打造 20 个公园群和 1 条横贯东西的主干游憩步道。设立全域营建分类指引，实施“山海连城、生态筑城、公园融城、人文趣城”四大行动计划，旨在将深圳建成一个安全韧性、绿色健康的山海家园，一个市民享自然野趣的户外天堂。三年行动计划的近期建设项目库包含了建设公园群、打造山水廊道、营建六类分区等项目类型，包含深圳中部公园群建设工程、大南山山廊建设工程、龙岗区国际低碳城中心片区优化提升、龙华区鹭湖科技文化片区挖潜增绿等重大工程。

4.2.3 上海市公园城市建设实践

上海深入践行习近平总书记提出的“人民城市人民建，人民城市为人民”重要理念，推动建设体现中国特色、时代特征、上海特点的公园城市，助力建设令人向往的创新之城、人文之城和生态之城。为进一步提升城市能级和核心竞争力，谱写“城市，让生活更美好”的新篇章，上海市审议通过了《关于推进上海市公园城市建设的指导意见》，进一步优化“市民—公园—城市”三者关系，积极破解超大城市生态环境建设瓶颈，不断推动绿色空间开放、共享、融合，探索人与自然和谐共生的超大城市新模式。

1. 主要历程和建设成效

近年来，上海花大力气贯通“一江一河”，黄浦江两岸 45km、苏州河中心城段 42km 岸线的公共空间，陆续贯通开放，昔日的“工业锈带”变身“生活秀带”“发展绣带”，民众拥有了更多的公共空间、休闲场所和更好的生态环境（图 4-13、图 4-14）。同时，上海不断探索社区生境花园建设，将“生境”与“花园”融合在一起，为城市野生动物提供辅助的食物、水源或庇护所。

上海将公园城市作为城市建设的重要目标，努力建设“千园之城”和“公园里的城市”，持续推动绿色生态空间增量提质。2021 年以来，上海在“一江一河”后，加快推动环城生态公园带建设，目前初具雏形，“环上”首

图 4-13　上海虹口滨江公共空间

图 4-14　苏州河滨河空间

批 7 座公园已全部建成，第二批 10 座公园也将陆续建成开放，第三批 9 座公园将启动建设；“环内”桃浦、三林、碧云、森兰等楔形绿地建设持续推进。

上海不断加强公园适老、适儿设施建设及服务，明确公园应提供适应各年龄的多样化活动空间，构建老人、儿童全园公共活动圈，并保障其便捷可达性。同时要求，适老、适儿的文体活动也应更丰富。依托公园特有的生态自然环境，因地制宜设立面向儿童的自然教育场地，如种植菜园、生态池塘等，开展科普、自然教育和互动体验活动。

截至 2021 年底，上海各类公园已达 532 座，约为 2011 年（153 座）的 3.5 倍；全市森林面积达到 184.7 万亩，森林覆盖率达到 19.42%；建成重点生态廊道 17 条（片），面积达到 10.4 万亩；建设了一批特色鲜明的开放休闲林地。“十三五”以来，每年新建绿道 200km 以上，市级绿道形成了“三环一带、三纵三横”体系；绿道达到 1306km，将生态空间与生活空间、生产空间串联起来。

同时，“公园 +”深入拓展，注重复合红色资源、音乐、体育等功能，首批 19 座公园与 8 座院校签署合作项目；“+ 公园”有序推进，10 余处机关、事业单位、国有企业的附属绿地改造后向市民开放。

2. 规划和展望

近年来，上海先后发布《上海市生态空间建设和市容环境优化“十四五”规划》《上海市生态空间专项规划（2021—2035）》《关于加快推进环城生态公园带规划建设的实施意见》《关于推进上海市公园城市建设的指导意见》《上海市公园绿地“四化”规划纲要》《上海市公园城市规划建设导则》等一系列规划、政策及标准。2021 年发布的《关于推进上海市公园城市建设的指导意见》，提出践行“人民城市人民建，人民城市为人民”重要理念和公园城市建设有关要求，实现有机融合，生态、生产、生活协调发展，生态空间系统更加完善，宜居宜业魅力充分彰显，基本建成贯彻新发展理念、创造高品质生活的超大型美丽城市。计划 2025 年前全域公园数量达 1000 座以上，2035 年前，力争达 2000 座以上，基本建成公园城市，力争实现“城市处处有公园、公园处处有美景”。同时，持续推动“公园 +”与“+ 公园”建设，以公园为基底注入多元功能，强化公园与城市的全面开放、融合、提质。启动全域公园体系建设、公园与城市全面开放融合两项任务。到 2025 年，全市将实现 100 个以上机关、企事业单位等附属空间的开放共享，开放绿地 100 万 m^2 以上。到 2035 年，上海将形成一个以外环绿带为骨架，向内连接 10 片楔形绿地，向外连接 17 条生态间隔带，与“五个新城”环新城森林生态公园带密切衔接的宜居宜业宜游大生态圈。

4.2.4 重庆市公园城市建设实践

重庆的云阳县和两江新区将建设山地公园城市作为未来城市发展目标。云阳县加快建设全域山地公园城市，打造公园城市标杆地。以“公园城市标杆地”为目标，着力“客厅规范提升”和“城区景观提升”两大抓手，纵深推进宜业、宜居、宜乐、宜游公园城市建设。两江新区持续建设片区级公园、街道级公园、社区级公园、绿道系统 4 个层级的公园体系和城市综合公园、生态公园、文化公园、主题公园、社区公园、口袋公园 6 个大类的公园系统，让公园深入社区，深入生活。璧山区、高新区、空港新城等也相继以“生态优先、绿色发展”理念为引领，打造“宜居、宜业、宜游”的公园城市。

1. 重庆云阳县

（1）主要历程和建设成效

近年来，云阳县围绕“骑走跑坐可享、山水花石可赏、文史科艺可品”的城市建设理念，大力推进城市功能与品质提升，先后启动了环湖绿道建设、城市绿肺保护、坡坎崖绿化美化等，基本形成“推窗见绿、出门见景、四季见花”的城市公园体系，构建园在城中、城在园中、城绿交融的山水园林城（图 4–15）。在开发建设中，一方面保留原有好山、好水、

图 4-15　重庆云阳滨江公共空间

图 4-16　重庆云阳月光草坪

好风景等资源，另一方面推动公园形态与城市空间有机融合，重点打造了一批综合性公园、郊野公园、农业公园、社区游园、慢行绿道（图 4-16）。大力塑造城市特色，延续城市文脉。在充分考虑民俗习惯、历史文脉等因素的基础上，确保改造项目风貌协调、文化相延。近年来，四方井公园、云江叙事、石来运转、白虎台、盐井部落等一大批项目脱颖而出，城市记忆得以延续。

目前，云阳县新建成“三大市民广场”“七大核心景点”和“五大城市阳台”，整体提升云阳县沿岸风景群，环湖绿道升级版持续扮靓城市“会客厅”，成为游客“首选地”，“森林拥城、水脉贯城、绿道连城、百园满城”的公园城市魅力初显。截至 2021 年，城市建成区绿地率 47.55%，建成区绿化覆盖率 50.47%，人均公园绿地面积 18.6m^2。

（2）规划和展望

“十四五”期间，云阳县将全力实施“公园城市标杆地”美好愿景，秉持“绿水青山就是金山银山”的理念，以建设人城境业高度和谐统一的全域山地公园城市为统领，按照“山地公园、郊野公园、湿地公园，小游园、口袋公园、街心公园，景观特色不同、人文特色不同、产业特色不同，以人民为中心”的“大、小、不、一”规划思路，依托林业、交通、水利、人文、产业等资源，结合小城镇建设、农业产业园、传统村落保护、交通建设、义务植树、造林更新等，串点成线、连线成片、扩片成带、集带成面，构建有机的城乡一体化空间，实现公园形态与城乡空间有机融合，实现城市提质、乡村振兴、全域旅游三大目标。

2021 年 8 月，云阳县发布《加快建设公园城市标杆地的实施意见》，部署实施“四大”行动，加快建设成渝地区公园城市标杆地。同时，提出科学编制《云阳县全域山地公园城市建设规划》，以生产空间集约高效、生活空间宜居适度、生态空间山清水秀为目标，统筹生产、生活、生态空间。2022 年，云阳县实施城市建设“十大行动”，建设公园城市核心区。通过这些工作，构建城市生态和休闲空间格局，塑造城市景观风貌，满足人民高质量生活需求，极大地提升了云阳市民的幸福感、获得感。

2. 两江新区

（1）主要历程和建设成效

近年来，重庆两江新区积极推进公园城市建设，通过增绿、添彩、智治，打造“百园之城”。

增绿方面，打造生态新格局。在新建公园的基础上，通过“推墙见绿”工程，促进公园和城市空间的有机融合。同时，通过微更新、微改造、微修复，推进坡坎崖绿化美化，把过去没有办法利用的荒坡、边角地，打造成老百姓家门口的立体公园，如礼仁公园、两江新区山地运动公园等（图 4–17）。

添彩方面，提亮城市新底色。实施“花漫两江”“桥隧点亮”“五彩立交”等建设，为山水两江“添彩”。植物搭配重点突出“春花”“秋色”两大特色景观，开花乔木用量不低于乔木总量的 50%。同时，尝试以园林景

图 4-17　两江新区山地运动公园

观与艺术结合的方式，展开立交桥下“灰空间”治理，把更多的美术元素、艺术元素应用到建设中，增强审美韵味和文化品位。

智治方面，赋能山水新体验。坚持“生态 + 智慧”理念，加快打造公园城市和智慧城市样板。将金州公园打造为会呼吸的“智慧公园”，开发 APP 互动平台和景区小程序、应急报警系统、智能防火预警系统等。

两江新区在全国首创设立推行“公园长制”管理机制，进一步加强了公园管理，明晰公园管理职责，持续提升公园建设和管理水平。

目前，两江新区已建成照母山森林公园、金海湾滨江公园、重庆园博园、悦来会展公园等主题鲜明、各具特色的近 120 个公园，建成区绿地率 40.14%，绿化覆盖率 45.14%，人均公园绿地面积 8.47m^2，基本形成“青山入城、碧水窜绿、城在山中、家在林中”的自然生态格局（图 4–18）。

（2）规划和展望

两江新区积极完善公园城市建设配套文件，2021 年 8 月，《两江新区公园城市规划建设三年行动计划》编制工作已完成。目前已启动《两江新区公园建设导则》《两江新区公园更新导则》编制工作，为公园的科学规划和建设提供保障。

图 4-18 金海湾滨江公园

根据《两江新区公园城市三年行动计划概要》，两江新区将以照母山、嘉陵江为主脉，以城市公园绿地为基底，按照“两廊三轴”的空间布局，全面推进区内绿道系统规划与建设，总规划建设绿道 1947km。

4.2.5 武汉市公园城市建设实践

武汉市以园林城市建设为抓手，着力提升城市生态品质、增进民生福祉。“十四五”期间，武汉将建成国家生态园林城市、国际湿地城市和“千园之城”，打造一座有湿地花城特色的公园城市。

1. 主要历程和建设成效

武汉市以园林城市建设为抓手，持续加强城市绿地建设，提升城市生态品质。“十三五”期间，武汉新增造林绿化 15 万亩，新建各类公园 416 个、绿道 1007km，城市生态底色更加靓丽（图 4-19）。

2011 年，出台《武汉市三环线绿化带建设规划》，首次提出“一环串多珠”理念，并于 2012 年启动建设。“十年绣一环”，现在三环线的沿线绿化带已经升级为“生态带”，不仅“颜值”大增，外侧控制宽度也扩展到 200m，还嵌入 45 座城市公园，形成了面积超过 100km^2 的绿色走廊。

图 4-19　武汉市东湖绿道赛事活动

图 4-20　武汉市汉广棠公园儿童活动区

武汉生态持续改善，市民身边的公园不断增加，人均绿地面积从 2012 年的 $9.92m^2$ 增加到 2021 年的 $14.82m^2$。2017 年以来，武汉平均每年建设约 40 个口袋公园。2020 年，武汉市启动“城市公园绿地 5min 服务圈”构建行动，大规模建设口袋公园。目前，武汉市已建成口袋公园 350 多座，公园绿化活动场地服务半径覆盖 90% 以上的居住用地（图 4–20）。

当前，武汉市正在大力建设四环线生态带，全面提升外环线林带景观效果和生态功能，构建全长 188km 的武汉环城林带，启动绿楔入城示范工程建设，新建金潭府河、后官湖、柏泉、神山湖、鸡公山郊野公园 5 个，逐步打造生态绿楔复合型郊野公园群，最终目标是以“两环六楔”锁定城市的“绿色边界”（图 4–21）。

图 4-21　武汉杜公湖湿地公园

2. 规划和展望

“十四五”期间，武汉市继续增绿提质，以高水平创建国家生态园林城市和国际湿地城市、努力建设公园城市为目标，打造一座有湿地花城特色的公园城市。

武汉将持续优化城市空间开发保护格局，锚固“一心两轴、两环六楔、多廊外圈”的生态框架。加强湿地和森林资源保护，统筹推进山水林田湖草整体保护，系统治理。大力实施造林绿化、山体生态修复、森林质量提升、乡村绿化美化、乡村振兴林业富民等工程，积极拓展造林空间，提升森林质量和生态服务功能。

武汉将编制新一轮绿地系统规划，完善城市绿地系统，合理布局绿化用地，通过规划建绿、见缝插绿、拆违补绿、留白增绿，持续增加城市绿量，实现城市绿化覆盖率不低于43%，城市绿地率不低于40%，同时，因地制宜建设防灾避险绿地。不断增绿提质，增花添彩，高品质建设公园绿地，建设口袋公园—社区公园—综合公园—郊野公园—自然公园五级公园体系，真正实现“300m见绿，500m见园”的目标，进一步增强市民的绿色获得感、幸福感。武汉力争“十四五”期末，即2025年各类公园达到1000个，由“百湖之城”变身“千园之城”。

4.2.6 南京市公园城市建设实践

南京市在“十四五”期间提出推进公园城市建设，江北新区等新区“先建绿，后建城”，老城区通过城市更新增绿，把南京打造成为美丽中国的典范城市。

1. 主要历程和建设成效

多年来，南京全力打造天更蓝、水更清、地更绿、人民更幸福的“绿色都市”，使南京“山水相依、城林相映、浓荫蔽日、风格浑厚”的城市园林绿化特色进一步彰显。

2019年，南京市启动并完成了公园城市建设研究，分析了南京公园城市建设的现状，借鉴国内外经验，提出了南京公园城市建设的目标、重点任务和近期建设计划。南京的山水城林，为南京建设公园城市提供了天然优势。2021年，南京正式启动公园城市建设，全面推动公园体系构建和公园增量提质。

截至2021年底，南京全市林木覆盖率达31.9%，自然湿地保护率达70.2%，在全省保持前列。新区具有生态空间优势，已经发展成熟的长江以南区域，通过城市更新等手段，完善绿色和生态空间。从街角见缝插针的口袋公园，到环山、环城、环水的景观改造，在不断延展的绿道中，创造美好的生活空间（图4–22）。

图 4-22　南京市老城区城绿相融风貌

2. 规划和展望

南京“十四五”规划提出“筑牢生态环境保护屏障，打造绿色低碳公园城市”。计划至 2025 年，南京基本建成“山清水秀、花繁四季”的公园城市。江北新区等新区“先建绿，后建城”，老城区通过城市更新增绿，把南京打造成为美丽中国的典范城市。

“十四五”期间，南京市将以公园城市理念为引领，逐步建立城乡融合、城市公园—郊野公园一体化的全域公园体系，同步推进“+ 公园”和“公园 +”两项举措。在“+ 公园”方面，实现“绿廊”环城、“绿点”遍城。营造近自然园林，形成服务市域的郊野公园游憩体系。打造园林精品，实现“城市中有公园”。对于其他建成区，尤其是老城区，实施社区公园、口袋公园建设。结合老城更新、环境综合整治等，优先选择在绿化覆盖率较低的片区、拆迁少或难以开发的零星地块优先进行口袋公园建设，在面积超 $1hm^2$ 地块开展社区公园建设。通过公园化城市滨水环境、城市道路空间，打造水美岸线和特色各异的城市林荫道系统。构建绿廊环城的绿地空间格局。在“公园 +”方面，全面提升公园绿地服务效能。结合江苏省“公园 +”行动，植入惠民服务、科普教育、文化彰显、园事节庆、活动健身、生态彰显六大功能，全面提升综合公园、社区公园、口袋公园品质。部分公园结合人工智能、数字景观的设计，让公园成为意趣盎然的活力空间（图 4-23）。

4.2.7 杭州市公园城市建设实践

近年来，杭州着力加强城市公园建设，《杭州市园林绿化“十四五”规划》明确，杭州厚植“生态文明之都”特色优势、建设世界一流的社会主义现代化国际大都市、争当浙江高质量发展建设共同富裕示范区的城市范例，续写公园城市建设新篇章，打造公园城市的杭州样本。

1. 主要历程和建成成效

多年来，杭州按照国家生态园林城市标准，合理布局公园绿地、防护绿地、广场绿地、附属绿地和区域绿地，不断优化顶层设计，形成有机的完整系统（图 4–24）。

2020 年 3 月，习近平总书记到杭州考察时指出，“要让公园成为人民群众共享的绿色空间”。杭州积极贯彻习近平总书记公园城市理念和思路，助力杭州打造公园城市新典范。从“城市公园”到“公园城市”，大力推动杭州打造美丽中国建设样本。

先后完成《杭州市绿地系统规划（修编）（2007—2020）》实施评估报告、《杭州市公园体系研究》等规划成果。同时，积极优化各类公园的功能，在保证绿地率的前提下，增加必要的文化、体育等设施（图 4–25）。

2. 规划和展望

杭州市园林绿化“十四五”规划提出，续写公园城市建设新篇章，打造公园城市的杭州样本。根据规划，2025 年公园城市杭州样本的内涵进一步彰显，2035 年基本建成公园城市杭州样本。

图 4–23　南京市玄武湖公园开放共享绿地

图 4–24　杭州市茶叶博物馆茶园

2022 年 3 月,《杭州市区加快公园城市建设三年行动计划》出台。杭州将以规划引领，促进公园布局更合理、功能更复合，引导公园与历史遗产保护、文化、体育设施建设更好结合，同时坚持问需于民，逐步形成类型多样、特色鲜明、普惠性强、网络布局的郊野公园—城市公园—社区公园—口袋公园四级公园体系，努力实现“300m 见绿，500m 见园”，持续提高全市公园绿地服务半径覆盖率和公园绿地均等化水平，建设美丽宜居新天堂。

4.2.8 济南市公园城市建设实践

济南市坚定践行“绿水青山就是金山银山”理念，以生态文明建设为引领，以改善市民生活环境、提升城市品位形象为目标，巩固提升“千园之城”建设成果，积极推进公园城市建设，“推窗见绿，开门入园”成为泉城市民的生活新常态，形成了一幅城绿相融、人城和谐的大美公园城市画卷（图 4-26）。

1. 主要历程和建设成效

2019 年，济南市编制完成《济南城市发展战略规划（2018—2050 年）》，提出了建设“大强美富通”现代化国际大都市的发展目标，按照“创新、协调、绿色、开放、共享”的新发展理念，提出了以“创建国家中心城市、营建美丽宜居泉城”为总线的八大行动。其中包括：

格局优化，构建“一体两翼多点”空间格局。其中，“一体”为泰山和黄河之间的济南中心城区；“北翼”为黄河以北的北岸先行区；“南翼”为泰

图 4-25　杭州市灵隐路绿化

图 4-26　济南市城区绿化

山以南的莱芜区和钢城区；“多点”为商河城区、平阴城区，以及白云湖、玉皇庙等功能节点。

特色彰显，彰显“山泉湖河城”空间特色。构筑“山水城一体”的空间格局，构建“山河通廊”，建设具有济南特色的公园城市，大山大河与小山小水、郊野公园与城市公园都和城市有机交融，强化山体之间、水系之间的连通，构建网络化公园体系。在黄河与泰山之间，依托北大沙河、玉符河、腊山河、巨野河等多条纵向水系，构建具有通风、排涝等功能的山河通廊。

品质提升，建设令人向往的美好家园。营造宜居宜业的城市环境和全龄友好的共同家园，规划满足各年龄段居民需求的配套设施，系统治理交通拥堵。通过局部治理、结构治理和源头治理三重策略，从根源上治理交通拥堵问题，打造城乡融合乡村旅游泉城样板，建设城乡共享的美好家园。

2021 年，济南市 500m^2 以上公园数量达 1000 个，成为“千园之城”（图 4–27）。

图 4–27　济南玉兰谷山体公园

2. 规划和展望

2022 年 4 月，《济南市“十四五”园林和林业绿化发展规划》发布。根据此规划，济南市将推进公园城市建设，秉持公园城市建设理念，构建全市域公园体系框架，布局高品质绿色空间体系，营造布局合理、功能完善、生态良好的公园城市发展格局，体现山、泉、河、湖、城、绿交融之美。推进绿廊、绿环、绿楔、绿心等绿地建设，进一步提升城乡生态环境和景观品质，拓展绿色空间，逐步构建完整连贯的城市绿地系统。开展公园景观品质提升，完善综合公园—社区公园—专类公园—游园四类公园体系，推动公园场景与城市空间融合。推广老旧公园提质改造，提升存量绿地品质和功能。

济南市将会大力实施生态保护修复。加强重要生态功能区保护，推进自然保护地整合优化，加快废弃露天开采矿山恢复治理。有序实施千佛山、佛慧山等区域生态修复提升，完成造林 1 万亩、森林抚育 8 万亩。加快公园城市建设，新建各类公园 25 处，建设提升特色景观道路（街区）100 条（处），建成绿道 120km。

4.2.9　青岛市公园城市建设实践

青岛加快推进全域绿化，努力让绿色成为城市更新底色。与此同时，依托山、海、城、湾、河等自然景观资源和优良的人文景观资源，打造宜居宜业的公园城市（图 4–28）。

1. 主要历程和建设成效

近年来，青岛着力发挥境内多山的特点，建设山头公园（图 4–29）。2021 年，青岛印发《青岛市山头公园整治工作实施方案》，明确重点整治青岛市七区的 60 个山头公园，为市民提供更加舒适、便利的公园环境。同时，着力解决山头种树面临的随海拔增高成活率降低的难题，通过对青岛本地乡土树种的调查，综合考虑植物的景观、生态经济特点和植物本身的抗逆性、生长速度等生态习性，初步筛选出适合青岛市山地造林的 10 种乔木和 5 种灌木进行实生苗培育。从种子选择、种子处理、基质生产、场地选择、播种和苗期管理、监控六大维度入手，全面提升种植成活率。

2017 年以来，青岛充分利用城市边角“零碎地”，累计建成口袋公园 311 个，由此新增绿地面积 $99.76hm^2$。根据 2020 年城市建设统计年鉴，青岛以 $19.1m^2$ 的人均公园绿地面积，位列包括直辖市、计划单列市和省会城市在内的中国主要城市第三位。

2. 规划和展望

青岛将公园城市建设与城市更新行动有机结合。根据青岛市委、市政府决策部署，青岛市将开展公园城市建设攻坚行动，旨在以城市更新为契机，构建自然公园—郊野公园—城市特色公园—社区公园四级公园体系，

图 4–28　青岛市山水格局

图 4–29　青岛市浮山生态公园

打造滨海岸线公园、山头公园等特色公园，实现“嵌”城入园。当前，青岛公园城市建设规划也在加紧编制之中。

青岛市公园城市建设以改善生态环境、提升城市品质为目标，以“公园+”“绿道+”为统领，以绿化为民、绿化惠民为根本宗旨，坚持绿地总量增加和现有绿地充分利用改造并举，计划推进“12131”系统工程，构建1个城市绿道网络，建设200处公园绿地，打造100条林荫廊道，推进300处立体绿化，实施1项生态绿化工程。

4.2.10 小结

从各地实践发现，公园城市即整个城市就是一个大公园，应坚持以人民为中心，通过城市空间公园化、公园功能复合化，构建生产生活生态空间相宜、自然经济社会人文和谐相融的现代化城市形态，使城市融入大自然，实现高质量发展、高品质生活、高水平治理。

把城市当公园来设计、当景点来建设、当景区来管理，实现城市宜居宜业宜游。公园城市理念是新时期探索城市发展的新模式，以实现高质量发展、高品质生活为目标，通过开展“公园+”和“+公园”，实现公园功能丰富化、城市建设公园化，使城市成为一个大公园，以此提高城市治理的现代化水平。

良好的生态环境是最普惠的民生福祉。公园体系建设是公园城市建设的基础，也是实现城市宜居宜业的重要前提，更是老百姓看得着、摸得到的建设成果。与此同时，良好的生态本底也是城市的软实力，助推城市核心竞争力提升。

公园城市应在城市发展、领导工作、经济组织、市民生活、社会治理等方面引领变革，将广义的“公园”打造成开放、流动的体系，创新政府主导、市场主体、商业化逻辑的城市建设运营模式，构建以创新为发展引擎的现代化产业体系和产业生态，推动城市发展从工业逻辑回归人本逻辑、从生产导向转向生活导向，形成共建共享的新型社区发展共同体，实现城市治理体系和治理能力现代化。

当然，不同城市因自然禀赋和人文基础不同，规模和发展水平差异等，公园城市建设也必须因城而异，没有标准答案。从各地实践来看，公园城市建设需做到四个坚持：第一，坚持因地制宜，找到自身建设路径；第二，坚持问题导向，聚焦城市突出问题；第三，坚持公园建设，提升生态环境品质；第四，坚持系统推进，避免片面单一发力。

未来，各地公园城市建设须以习近平新时代中国特色社会主义思想为指导，贯彻落实习近平生态文明思想，坚持“绿水青山就是金山银山”理念，坚持以人民为中心的发展思想，坚持“一尊重五统筹”总要求，坚持突出公园城市特点，构建规划引领、政府引导、市场配置、多方参与的公园城市建设新格局。

第5章

公园城市发展与展望

公园城市提出至今虽然仅有几年时间，却已显示出旺盛的生命力。除国内理论界的积极研讨及众多城市的广泛实践外，也得到国外城市发展研究领域的关注。随着公园城市研究和实践的不断丰富和深入，公园城市理论也将逐步发展和完善。

5.1 公园城市的发展前景

公园城市诞生于中国特色社会主义新时代，既顺应世界城市发展规律，又立足我国发展阶段；既针对我国城市发展问题，又着眼新时代战略目标。公园城市是以习近平新时代中国特色社会主义思想为指导，坚持“五位一体”，贯彻新发展理念，服务于高质量发展和“两个一百年”奋斗目标，坚持以人民为中心、以生态文明为引领，满足人民日益增长的美好生活需要的未来城市发展之路。

中国工程院院士、清华大学环境学院贺克斌教授认为，公园城市有望成为未来城市新范式。当前，我国环境治理现状不容乐观，生态发展观念亟须改变。公园城市理念寻求城市经济发展和环境保护并重，在探索城市污染防治方面提供了新思路。公园城市创新发展模式的提出，对破解大城市病、改善居民生活质量具有重要意义。

中国工程院院士、同济大学原副校长吴志强教授认为，公园城市是中国未来城市发展的必然选择。目前，我国城镇化率已经突破 60%，在推进新型城镇化和步入中等收入社会的背景下，当前城市建设已经进入从“粗放式”扩张到“品质化”发展、从增量发展到存量更新的转型期。参考世界先进国家的历史经验，需要完成城镇化模式转型，避免进入“城镇化放空陷阱”。过去数十年的城镇化进程，是靠体力劳动者从农村转移到城市来完成的，未来的城市发展则要靠创新、智慧、生态来驱动。公园城市正是一条走向可持续发展、生态智慧的中国城市建设道路。

未来，应进一步突出公园城市对城市高质量发展的统领作用，在城市工作中落实“五位一体”总体布局，坚持“五统筹一协调”，转变城市发展方式，提升城市发展能级和综合竞争力，提升城市的功能品质和宜居水平，实现“城市让生活更美好”的良好愿景。同时，公园城市建设与发展中，要充分考虑当前世界发展面临的系列挑战，做到几个结合：一要考虑气候变化的挑战，与应对气候变化目标要求相结合。完整、准确、全面贯彻新发展理念，做好碳达峰碳中和，加快生产绿色转型，推进节能减排，推行绿色生活方式。二要考虑全球经济衰退的挑战，与应对经济衰退的目标要求相结合。积极寻求城市发展新引擎，加快科技创新对经济发展的支撑作用，加快传统产业的数字化转型，培育新经济新业态，壮大新动能。三要考虑生态环境恶化的挑战，与生态环境保护目标要求相结合。牢固树立人与自然和谐共生理念，加强生态治理和污染防治，提高生物多样性保护水平，维护城市生态安全，构建人与自然生命共同体。

5.2　公园城市的发展路径

2022 年 1 月，《国务院关于同意成都建设践行新发展理念的公园城市示范区的批复》指出，公园城市示范区建设要以习近平新时代中国特色社会主义思想为指导，全面贯彻党的十九大和十九届历次全会精神，完整、准确、全面贯彻新发展理念，加快构建新发展格局，坚持以人民为中心，统筹发展和安全，将“绿水青山就是金山银山”理念贯穿城市发展全过程，充分彰显生态价值，推动生态文明建设与经济社会发展相得益彰，促进城市风貌与公园形态交织相融，着力厚植绿色生态本底、塑造公园城市优美形态，着力创造宜居美好生活、增进公园城市民生福祉，着力营造宜业优良环境、激发公园城市经济活力，着力健全现代治理体系、增强公园城市治理效能，实现高质量发展、高品质生活、高效能治理相结合，打造山水人城和谐相融的公园城市。以上批复内容不仅为成都建设践行新发展理念的公园城市示范区提出明确要求，也为未来公园城市建设实践提供了指引和遵循。

实现公园城市健康发展，需要破除惯性思维，转变发展观念，各级政府应认真学习领会习近平新时代中国特色社会主义思想和习近平生态文明思想等系列思想，切实把保护城市自然生态环境放在工作首位，坚持生态优先、绿色低碳的发展方式。

5.2.1 加强公园城市法规政策研究，构建公园城市制度体系

转变城市发展思维方式，研究制定新的法规和制度，保障公园城市健康发展。各级政府应认真学习领会习近平新时代中国特色社会主义思想和习近平生态文明思想等系列思想，全面、准确把握公园城市理念的核心，坚持生态优先、绿色发展，系统推进城市规划、建设和管理。破除城市规划中的惯性思维，坚持生态导向的规划建设和开发模式，夯实生态本底，优化城市空间结构，完善生态基础设施体系。强化生态要素驱动，坚持生态环境保护和治理，构筑城市发展安全底线，促进生态价值转化，培育城市发展新动能。同时，要研究制定与新发展模式相匹配的法规和系列政策，为公园城市健康发展提供强有力的制度保障。

5.2.2 加强公园城市理论研究，构建公园城市理论体系

公园城市作为新时代城乡人居环境建设和理想城市建构模式的理念创新，其理论体系研究意义深远，须不断探索和总结研究，完善公园城市理论，探索构建科学完备的公园城市理论体系，指导公园城市实践。公园城市理论体系的构建，应深入理解习近平新时代中国特色社会主义思想的形成过程，全面落实“以人民为中心”“满足美好生活需要”的要求，“把生态价值考虑进去”，坚持“绿水青山就是金山银山”的理念，以生态环境建设促进城市转型发展，加强对国内外基础理论研究，深入研究公园城市定位与内涵、基本特征、发展模式、规划与建设、社会治理理论等，为公园城市健康发展提供科学完善的理论指引。

5.2.3 加强公园城市标准规范研究，构建公园城市标准体系

构建公园城市标准体系是贯彻落实习近平总书记公园城市理念，推动公园城市规范化建设和健康发展的需要。公园城市标准体系的内容涉及国家、省级、市级等层次，以及公园城市评价、公园城市规划、公园城市建设、公园城市治理等标准类别。公园城市标准体系的构建和标准编制，应基于公园城市理论研究成果和各地公园城市建设实践的总结，全面准确把握公园城市本质和特征，突出公园城市生态、经济、文化、人本等多重价值导向，力求理念先进、结构完整和技术完备。通过公园城市标准体系研究与编制，为公园城市健康发展提供标准规范指导和技术支撑。

5.2.4 加强公园城市建设规划研究，构建公园城市建设规划体系

构建公园城市建设规划体系，是实现建设公园城市的关键环节。健全的公园城市建设规划体系应能够统领公园城市规划、建设与管理，正确贯彻落实习近平总书记公园城市理念。建立公园城市建设规划体系，应从全域的整体性、系统性出发，设定全域绿色空间底线；尊重自然生态，保护山水格局，落实各类保护功能区域，科学管控生态空间、生活空间、生产空间，构建公园城市生态空间形态，保护全域绿色空间肌理，形成覆盖全域的城乡生态空间系统。

公园城市建设规划体系，除包括公园城市建设总体规划外，还应重视城市生态建设规划、城市绿地系统规划、城市公园体系规划、绿线规划、绿道网络体系规划、市域公园游憩体系规划、通风廊道体系规划、生态修复规划、城市水系景观规划、山体保护修复规划、自然与文化资源保护规划、综合防灾避险规划、公园地区绿色产业规划、公园特色小镇规划、田园综合体规划、美丽乡村规划、新型（景区型、园区型、农业型）公园地区规划、绿色经济发展规划等。

5.2.5 统筹谋划，实践创新，促进公园城市建设发展

各地在公园城市建设和发展过程中，应根据当地经济社会发展水平、自然资源禀赋、历史文化特点，顺应国情实际、树立国际视野，制定实施

有针对性的方案和措施。应坚持统筹谋划、整体推进，把城市作为有机生命体，坚持全周期管理理念，统筹生态、生活、经济、安全需要，立足资源环境承载能力、现有开发强度、发展潜力，促进人口分布、经济布局与资源环境相协调，强化规划先行，做到“一张蓝图绘到底”。要突出公园城市的本质内涵和建设要求，聚焦厚植绿色生态本底、促进城市宜居宜业、健全现代治理体系等重点任务，探索创新，勇于实践，在实践中寻求办法和途径。同时，要牢固树立底线思维，稳妥把握建设时序、节奏、步骤，循序渐进、久久为功，尽力而为、量力而行，有效防范化解各类风险挑战。

最后，要加强公园城市规划建设、运营管理等各类人才的培养，开展教育改革创新，强化复合型人才培养，为公园城市健康发展提供坚实的人才保障。

5.3 公园城市理论的未来研究

公园城市是生态文明背景下，城市高质量发展的新模式，为人与自然和谐共生的现代化城市建设提供了指引。公园城市也是为世界城市发展贡献的中国智慧。

公园城市理论研究已经起步并取得了可喜成果，为公园城市建设提供了重要支撑。当然，相对于各地政府、相关部门和人民群众的需求，其仍需要在实践中不断发展和完善。未来，公园城市理论研究仍需要进一步深入，聚焦人与自然和谐共生的现代化城市建设目标，加快构建公园城市理论体系，才能让公园城市建设更加行稳致远。公园城市理论未来研究的重点主要有以下几个方面。

5.3.1 公园城市理论内涵和体系框架研究

深化研究和完善公园城市的理论内涵、结构和体系框架，强化公园城市理论研究的顶层设计。同时，加强城市建设发展基础理论研究，包括人与自然和谐共生关系研究、城市生态文明理论研究、人与自然和谐共生城市特征研究等。

5.3.2 公园城市评价与标准体系研究

深化公园城市评价和标准体系研究，强化公园城市全周期、多方位的政策和技术指引。加强公园城市指数、评价方法等的研究，加快规划建设指标体系、生态系统质量和稳定性标准、舒适宜居生活空间环境标准、城市资源承载能力和生态环境容量标准、公园城市管理标准等的研究和编制。

5.3.3 传统营城理论和优秀城市案例研究

深入开展中国传统营城理论、国外城市建设理论研究，强化传统营城理论与优秀案例对公园城市建设的借鉴。系统开展中国风景园林文化与山水城市理念、园林城市与生态园林城市、低碳城市、生态城市等研究，梳理可借鉴的理论思维和技术方法等。

5.3.4 未来城市理论和理想城市模式研究

深入开展未来城市理论研究，积极探索理想城市新模式。面向新一轮科技革命、数字技术、人工智能等，聚焦应对气候变化、生物多样性治理等需求，探索人与自然和谐共生现代化城市新图景及其与公园城市的关系等，不断优化公园城市发展路径。

5.3.5 公园城市形态和规划设计理论研究

深入开展公园城市形态研究，不断完善城市规划设计理论和技术，不断优化公园城市空间形态。开展城市空间与生态空间嵌套耦合、和谐相融的公园城市形态格局构建，公园形态与城市形态结构融合布局等研究，构建完善公园城市蓝绿空间、绿地系统、公园体系等。

5.3.6 公园城市建设和持续发展理论研究

深入开展公园城市建设理论、体制、方法研究，不断完善公园城市发展路径和模式。持续探索场景营城、生态环境导向开发（EOD）、交通导向开发（TOD）等城市建设开发理论在公园城市中的应用，构建完善“三生”融合城市空间格局和可持续发展路径。

5.3.7 公园城市治理与城市和谐发展理论研究

深入开展公园城市治理体制与理论研究，为公园城市和谐发展提供指引和支撑。持续探索公园城市建设和治理的法制伦理、公园城市建设与管控机制、公园城市治理体系与机制等，构建完善城市和谐发展的理论、体制和机制框架。

参考文献

[1] 埃比尼泽·霍华德. 明日的田园城市 [M]. 金经元，译. 北京：商务印书馆，2000.

[2] 班琼，邓焱 . 园林在城中 城在园林中——就合肥而论园林城市 [J]. 建筑学报，1998（8）：24–26+78.

[3] 巢清尘，张永香，高翔，等 . 巴黎协定——全球气候治理的新起点 [J]. 气候变化研究进展，2016，12（01）：61–67.

[4] 陈柳钦 . 健康城市建设及其发展趋势 [J]. 中国市场，2010（33）：50–63.

[5] 陈明坤，张清彦，朱梅安 . 成都美丽宜居公园城市建设目标下的风景园林实践策略探索 [J]. 中国园林，2018（10）：34–38.

[6] 陈其兵，杨玉培 . 西蜀园林 [M]. 北京：中国林业出版社，2010：158.

[7] 陈晓玲 . 文化产业集聚对绿色经济效率的影响研究 [D]. 武汉：中国地质大学，2019.

[8] 陈业新 . 近些年来关于儒家“天人合一”思想研究述评——以“人与自然”关系的认识为对象 [J]. 上海交通大学学报（哲学社会科学版），2005（02）：74–81.

[9] 陈勇 . 哈利法克斯生态城开发模式及规划 [J]. 国外城市规划，2001（03）：39–42+1.

[10] 陈云洁 . 在城市生态建设背景下的工业文明反思 [J]. 长沙大学学报，2010，24（01）：33–34.

[11] 成都：公园城市迈向碳中和 [N]. 成都日报 .2021–10–25，004.

[12] 成都市公园城市建设领导小组 . 公园城市：城市建设新模式的理论探索 [M]. 成都：四川人民出版社，2019。

[13] 成都市公园城市建设领导小组 . 公园城市 成都实践 [M]. 北京：中国发展出版社，2020.

[14] 仇保兴 . 我国城市发展模式转型趋势——低碳生态城市 [J]. 现代城市，2010，5（01）：1–6.

[15] 董鉴泓 . 中国城市建设史 [M]. 3 版 . 北京：中国建筑工业出版社 . 2004.

[16] 杜洁，车代弟 . 依托青山碧海，建设山水城市 [J]. 北方园艺，2005（2）：40–41.

[17] 恩其 . 堪培拉的城市设计 [J]. 国外城市规划，1987（04）：21–26.

[18] 方辰昊，赵民 . “双循环”新格局下的城市发展趋势及规划应对 [J]. 城市规划学刊，2022（01）：18–26.

[19] 付允，马永欢，刘怡君，等 . 低碳经济的发展模式研究 [J]. 中国人口·资源与环境，2008，18（3）：14–19.

[20] 高旷 . 自然生态美学视域下的《管子》研究 [D]. 长春：吉林大学，2020.

[21] 顾朝林，谭纵波，刘宛，等 . 气候变化、碳排放与低碳城市规划研究进展 [J]. 城市规划学刊，2009（03）：38–45.

[22] 顾朝林，谭纵波，刘宛 . 低碳城市规划：寻求低碳化发展 [J]. 建设科技，2009（15）：40–41.

[23] 顾朝林 . 低碳城市规划发展模式 [J]. 城乡建设，2009（11）：71–72.

[24] 顾朝林 . 气候变化与低碳城市规划 [M]. 南京：东南大学出版社，2013.

[25] 郭爱军，王贻志 .2030 的城市发展——全球趋势与战略规划 [M]. 重庆：格致出版社，2012。

[26] 郭光 . 浅析园林城市建设 [J]. 中小企业管理与科技，2009（05）：168.

[27] 国家行政学院生态文明研究中心课题组，张孝德 . 分享经济：迈向生态文明时代的新经

济革命 [J]. 经济研究参考，2017（13）：3–27.
[28] 哈静 . 中国城市建设史 [M]. 大连：大连理工大学出版社 . 2017.
[29] 韩保江 . 新时代我国社会的主要矛盾及其现实意义 [N]. 光明日报，2017–11–01.
[30] 何成 . 全面认识和理解“百年未有之大变局”[N]. 光明日报，2020–01–03.
[31] 何一民 . 革新与再造：新中国建立初期城市发展与社会转型相关问题纵横论 [J]. 福建论坛（人文社会科学版），2012（01）：82–92.
[32] 胡玎，王越 . 连接城市特色文化空间——以上海杨浦区连接“大上海计划”特色文化空间为例 [J]. 园林，2020（01）：39–44.
[33] 胡剑波，任亚运 . 国外低碳城市发展实践及其启示 [J]. 贵州社会科学，2016（04）：127–133.
[34] 胡俊 . 中国城市模式与演进 [M]. 北京：中国建筑工业出版社，1995.
[35] 胡一可，刘海龙 . 景观都市主义思想内涵探讨 [J]. 中国园林，2009，25（10）：64–68.
[36] 华晓宁，吴琅 . 回眸拉·维莱特公园——景观都市主义的滥觞 [J]. 中国园林，2009，25（10）：69–72.
[37] 黄光宇，陈勇 . 论城市生态化与生态城市 [J]. 城市环境与城市生态，1999（06）：28–31.
[38] 黄立 . 中国现代城市规划历史研究（1949–1965）[D]. 武汉：武汉理工大学，2006.
[39] 黄肇义，杨东援 . 国内外生态城市理论研究综述 [J]. 城市规划，2001（01）：59–66.
[40] 黄肇义，杨东援 . 未来城市理论比较研究 [J]. 城市规划汇刊，2001（01）：1–6+79.
[41] 江苏省城镇化和城乡规划研究中心 . 多伦多 Quayside“健康综合体”社区服务模式 [J]. 江苏城市规划，2020（03）：39–41.
[42] 金江军 . 智慧产业发展对策研究 [J]. 技术经济与管理研究，2012（11）：40–44.
[43] 金经元 . 再谈霍华德的明日的田园城市 [J]. 国外城市规划，1996（04）：31–36.
[44] 康春鹏 . 智慧社区在社会管理中的应用 [J]. 北京青年政治学院学报，2012，21（02）：72–76.
[45] 赖峻岩 . 厦门城市道路绿化与海绵城市改造探讨 [J]. 绿色科技，2018（11）：235–237.
[46] 李淇等 . 新时代人民城市重要理念研究 [M]. 北京：人民出版社，2023.
[47] 李海涛 . 百年未有之大变局：中国判断与世界回响 [J]. 社会科学家，2021（9）：150–155.
[48] 李洁莲，张利欣 . 公园城市践行下的城市有机更新战略路径探索——以成都市新都区中心城区为例 [C]//. 中国风景园林学会 . 中国风景园林学会 2020 年会论文集（上册）. 北京：中国建筑工业出版社，2020.
[49] 李丽萍，郭宝华 . 关于宜居城市的理论探讨 [J]. 城市发展研究，2006（02）：76–80.
[50] 李雄，张云路 . 新时代城市发展的新命题：公园城市建设的战略与响应 [J]. 中国园林，2018（5）：38–41.
[51] 李益彬 . 新中国建立初期城市规划事业的启动和发展（1949—1957）[D]. 成都：四川大学，2005.
[52] 李志青 .“气候雄心”对全面绿色转型的多重价值 [N]. 中国环境报，2020–12–16（003）.
[53] 廖小平 . 习近平生态文明思想的价值维度 [N]. 光明日报，2022–05–16.
[54] 刘滨谊 . 公园城市研究与建设方法论 [J]. 中国园林，2018，34（10）：10–15.
[55] 刘勤 . 中国“城市美化”运动浅见 [J]. 大众文艺，2017（09）：267.
[56] 刘涛，李秀，邓奕 . 四川阆中古城空间形态分析 [J]. 规划师，2005（05）：116–118.

[57] 刘伟京，韩卫清．建设徐州现代化生态园林城市的对策 [J]. 江苏环境科技，2003（02）：36–37.

[58] 刘亦师．现代西方六边形规划理论的形成、实践与影响 [J]. 国际城市规划，2016，31（3）：78–90.

[59] 刘志林，戴亦欣，董长贵，等．低碳城市理念与国际经验 [J]. 城市发展研究，2009，16（06）：1–7+12.

[60] 卢风．农业文明、工业文明与生态文明——兼论生态哲学的核心思想 [J]. 理论探讨，2021（6）：94–101.

[61] 卢小根．民国时期以广州市为中心的园林建设事业 [J]. 装饰，2007，（10）：117–118.

[62] 罗巧灵，胡忆东，丘永东．国际低碳城市规划的理论、实践和研究展望 [J]. 规划师，2011，27（05）：5–10+27.

[63] 马祖琦．欧洲“健康城市”研究评述 [J]. 城市问题，2007（05）：92–95.

[64] 缪元发．厦门海绵城市工程设计探讨 [J]. 建材发展导向，2021，19（24）：193–195.

[65] 潘国泰．建设合肥大园林的几点思考 [J]. 合肥工业大学学报（自然科学版），1998（03）：88–92.

[66] 秦红岭．新型城镇化背景下城市更新的伦理审视 [J]. 伦理学研究，2021（03）：111–118.

[67] 秦耀辰，张丽君，鲁丰先，等．国外低碳城市研究进展 [J]. 地理科学进展，2010，29（12）：1459–1469.

[68] 尚晨光，张雅静．公园城市：工业文明城市理念的一场革命 [J]. 湖北理工学院学报（人文社会科学版），2019，36（02）：13–18.

[69] 沈清基．城市生态与城市环境 [M]. 上海：同济大学出版社，1998.

[70] 沈清基．智慧生态城市规划建设基本理论探讨 [J]. 城市规划学刊，2013（05）：14–22.

[71] 史念海．《周礼·考工记·匠人营国》的撰著渊源 [J]. 传统文化与现代化，1998（03）：46–56.

[72] 孙宝华．“百年未有之大变局”的背景、内涵与因应 [J]. 党政论坛，2021，（2）：44–48.

[73] 孙施文．田园城市思想及其传承 [J]. 时代建筑，2011（05）：18–23.

[74] 孙文尧，王兰，赵钢，等．健康社区规划理念与实践初探——以成都市中和旧城更新规划为例 [J]. 上海城市规划，2017（3）：44–49.

[75] 汤伟，屠启宇．从“世界级非洲城市”到“新城市议程”：对约翰内斯堡发展战略的思考 [J]. 南京社会科学，2017（06）：76–83.

[76] 田名川．当代中国城市秩序研究 [D]. 天津：天津大学，2013.

[77] 万婧，姜松．关于现代生态城市规划建设的思考——以澳大利亚哈利法克斯生态城为例 [J]. 山东林业科技，2010，40（04）：87–89.

[78] 汪辉，洪辉铭．詹姆斯·科纳景观都市主义思想与实践解析 [J]. 林业科技开发，2013，27（01）：120–124.

[79] 王建国．现代城市设计理论和方法 [M]. 南京：东南大学出版社，1991.

[80] 王树声．隋唐长安城规划手法探析 [J]. 城市规划．2009，33（06）：55–58+72.

[81] 王亚军，郁珊珊．生态园林城市规划理论研究 [J]. 城市问题，2007（07）：16–20.

[82] 巫细波，杨再高．智慧城市理念与未来城市发展 [J]. 城市发展研究，2010，17（11）：56–60+40.

[83] 吴人韦，付喜娥．“山水城市”的渊源及意义探究 [J]. 中国园林，2009，25（06）：39–44.

[84] 吴岩，王忠杰，束晨阳，等．“公园城市”的理念内涵和实践路径研究 [J]. 中国园林，2018（10）：30–33.

[85] 吴一洲，杨佳成，陈前虎．健康社区建设的研究进展与关键维度探索——基于国际知识图谱分析 [J]. 国际城市规划，2020，35（05）：80–90.

[86] 吴宇江．“山水城市”概念探析 [J]. 中国园林，

2010，26（02）：3–8.

[87] 谢富胜，程瀚，李安．全球气候治理的政治经济学分析 [J]. 中国社会科学，2014（11）：63–82+205–206.

[88] 徐凌云，王云才．从景观都市主义到生态都市主义 [J]. 中国城市林业，2015，13（06）：23–26+31.

[89] 许从宝，仲德，李娜．当代国际健康城市运动基本理论研究纲要 [J]. 城市规划，2005（10）：52–59.

[90] 许皓．苏联经验与中国现代城市规划形成研究（1949–1965）[D]. 南京：东南大学，2018.

[91] 玄泽亮，魏澄敏，傅华．健康城市的现代理念 [J]. 上海预防医学，2002，14（4）：197–199.

[92] 杨柳．山水城市与中国城市的可持续发展 [J]. 重庆建筑大学学报，1998（03）：16–20.

[93] 杨锐．景观都市主义：生态策略作为城市发展转型的“种子”[J]. 中国园林，2011，27（09）：47–51.

[94] 杨阳，林广思．海绵城市概念与思想 [J]. 南方建筑，2015（03）：59–64.

[95] 于施洋，杨道玲，王璟璇，等．基于大数据的智慧政府门户：从理念到实践 [J]. 电子政务，2013（05）：65–74.

[96] 俞孔坚，李迪华，袁弘，等．“海绵城市”理论与实践 [J]. 城市规划，2015，39（06）：26–36.

[97] 俞世恩 .1929 年“大上海计划”的特点及其失败原因初探 [J]. 历史教学问题，2014（03）：116–120.

[98] 虞宝翠．堪培拉及其卫星城的规划与建设 [J]. 国外城市规划，1987（04）：16–20+26.

[99] 岳毅平．合肥市城市园林建设得失论 [J]. 江淮论坛，2010，（02）：181–187.

[100] 詹姆斯 · 科纳 Field Operations 事务所．谢尔比农庄公园，孟菲斯，田纳西州，美国 [J]. 王靖，译．世界建筑，2010（1）：44–47.

[101] 詹姆斯 · 科纳 Field Operations 事务所．安大略湖公园，多伦多，安大略省，加拿大 [J]. 项琳斐，译．世界建筑，2010（1）：48–49.

[102] 张赫，王睿，于丁一，等．基于差异化控碳思路的县级国土空间低碳规划方法探索 [J]. 城市规划学刊，2021（05）：58–65.

[103] 张京祥．西方城市规划思想史纲 [M]. 南京：东南大学出版社，2005.

[104] 张璐，赓川．战略规划视角下的宜居城市建设策略——以昆明为例 [J]. 城市，2019（11）：70–79.

[105] 张强．我国城市生态园林建设刍议 [J]. 生态经济，1997（03）：50–53.

[106] 张泉，叶兴平，陈国伟．低碳城市规划——一个新的视野 [J]. 城市规划，2010，34（2）：13–18+41.

[107] 张泉．明初南京城规划 [J]. 南京工学院学报，1985（03）：113–123.

[108] 张陶新，杨英，喻理．智慧城市的理论与实践研究 [J]. 湖南工业大学学报（社会科学版），2012，17（01）：1–7.

[109] 张新，杨建国．智慧交通发展趋势、目标及框架构建 [J]. 中国行政管理，2015（04）：150–152.

[110] 张泽宇．田园城市理论在亚洲的传播与实践 [D]. 北京：北京建筑大学，2019.

[111] 赵宝江．创建园林城市，改善生态环境 [J]. 中国园林，2000（02）：1–2.

[112] 赵清，张珞平，陈宗团，等．生态城市理论研究述评 [J]. 生态经济，2007（05）：155–159.

[113] 赵薇．风水理念对城市总体规划的启示 [D]. 西安：西安建筑科技大学，2012.

[114] 周国艳，于立．西方现代城市规划理论概论 [M]. 南京：东南大学出版社，2010.

[115] 朱建江，邓智团．城市学概论 [M]. 上海：上海社会科学院出版社，2018.

[116] Rodney R. White. 生态城市的规划与建设 [M]. 沈清基，吴斐琼，译．上海：同济大学出版社，2009.

[117] Ashton J. Grey P. Barnard K. Healthy Cities: WHO' s New Public Health Initiative[J]. Health Promot, 2006, 1 (3): 319-324.

[118] Barton H &Tsourou C. Healthy Urban Planning[M]. London: Spon Press, WHO Regional Office for Europe, 2000.

[119] Calthorpe P. Urbanism in the Age of Climate Change[M]. Washington D.C: Island Press, 2011.

[120] Dannenberg A L, JACKSON R J, FRUMKIN H, et al. The Impact of Community Design and Land-use Choices on Public Health: A Scientific Research Agenda [J]. American Journal of Public Health, 2003, 93 (9), 1500-1508.

[121] Department of Trade and Industry (DTI). UK Energy White Paper: Our Energy Future—Creating a Low Carbon Economy[M]. London: TSO, 2003.

[122] Garau P, Sclar E, Carolini G. You can't Have One without the Other: Environmental Health is Urban Health[J]. American Journal of Public Health, 2004 (94): 1848.

[123] Norris T, Pittman M. The Healthy Communities Movement and the Coalition for Healthier Cities and Communities [J]. Public Health Reports, 2000, 115 (2/3): 118-124.

[124] Register R. Ecocity Berkeley: Building Cities for a Healthier Future[M]. Berkley, CA: North Atlantic Books, 1987.

[125] Waldheim C. The Landscape Urbanism Reader[M]. New York: Princeton Architectural Press, 2006.

[126] Waldheim C. Berger A. Logistics Landscape[J]. Landscape Journal, 2008, 27 (2): 219-246.

图书在版编目（CIP）数据

公园城市理论研究 / 贾建中主编 . -- 北京：中国城市出版社，2024. 11. --（新时代公园城市建设探索与实践系列丛书）. -- ISBN 978-7-5074-3765-2

Ⅰ . TU984.2

中国国家版本馆 CIP 数据核字第 2024PP6244 号

丛书策划：李　杰　王香春
责任编辑：葛又畅
书籍设计：张悟静
责任校对：刘梦然

新时代公园城市建设探索与实践系列丛书
公园城市理论研究
贾建中　主编
*
中国城市出版社出版、发行（北京海淀三里河路 9 号）
各地新华书店、建筑书店经销
北京雅盈中佳图文设计公司制版
建工社（河北）印刷有限公司印刷
*
开本：787 毫米 ×1092 毫米　1/16　印张：$13^1/_4$　字数：223 千字
2024 年 12 月第一版　2024 年 12 月第一次印刷
定价：115.00 元
ISBN 978-7-5074-3765-2
（904788）